菜の花咲く単線を、2両連結のキハ02形が行く。レールバス各形式は機械式変速装置のため、各車に運転士が乗務していた。初心者向けの鉄道模型のようなワンシーン。 1953年 P：日本国有鉄道（所蔵：久保 敏）

国鉄木原線のキハ01 4を先頭とした2連が、終点上総中野駅で小湊鉄道キハ6101と顔を合わせる。レールバスとして初代となるキハ01形は片側2扉で前面窓が3枚となるのが特徴。
1961.1.3 上総中野 P：合葉清治

木次線もレールバスが活躍した線区のひとつ。写真は備後落合駅に佇む単行のキハ02 4。キハ02形は片側1扉で前面窓は2枚。

　　1965.4.27　備後落合
　　　　　P：豊永泰太郎

四国地区の気動車には、前面にバンパーを装着していたものもいるが、レールバスもその例外ではなかった。写真はキハ01 56。

　　　　1964.3.21
　　　宇和島機関区
　　　P：豊永泰太郎

屋上に荷台が設置されたキハ03 8。キハ03形はキハ02形をベースに酷寒地仕様とした成り立ち。この荷台は非常に珍しい状態だが、果たしてまともに使用できたのであろうか？

　　1966.10.27　旭川
　　　　　P：渡辺和義

客車改造気動車の中で、機関を搭載しない制御付随車であるキクハ45形は1～3の3両しか誕生しなかった。写真は撮影日・場所不明だが、外吊り戸であることから、2番または3番の後年の姿で、四国内での撮影ということになる。

P：鈴木靖人

上写真と同じくキクハ45形で、こちらは2番であることが見て取れる。外吊り戸は後年の改造。台車は前後とも種車から引き継いだTR11形。

1964.3.22 高松機関区
豊永泰太郎

付随車のキサハ45形も1～3の3両のみが誕生した。その性質上、外観・車内は種車(オハ62形)ほぼそのままで、暖房装置や引き通し線などが特徴となる。写真はキサハ45 2。

1963.9.12 苗穂
P：豊永泰太郎

キハ45形は客車改造気動車のうち片運転台
のもので、後年のキハ09形。写真はキハ45
1。編成後方はキハ22形×2＋キハ21形。
1962.3.26　札幌　P：星　晃

キハ40形⇒キハ08形およびキハ45
形⇒キハ09形は全車北海道に配置さ
れた。写真はキハ09 2で、キハ56
系と編成を組んだ状態。改番から廃
車までの1966〜71年までの間に
撮影されたもの。　P：小松重次所蔵

国鉄レールバス その生涯

大勢のハイカーに囲まれて困惑顔のレールバ
ス。フリークエントサービスを実現したが、後
に収容力の低さが問題となり、短命に終わった。
狩太(現・ニセコ)　P：鉄道博物館提供

は じ め に

　国鉄のディーゼル動車発達史を語る上で、レールバスという車種は特異な存在とも言える。小型の車体を持つ2軸車は、その軽快なスタイルと、当時としては珍しい暖色系の艶やかな2色塗りのカラーリングで、登場時はローカル線の救世主として期待された。

　1954（昭和29）年から1956（昭和31）年にかけ

て4次にわたり、東急車輌のみで49輌が製造され、北は北海道から南は九州まで配置された。活躍した線区は超閑散線と呼ばれる、支線のさらにまた枝線といった、1日に数本しか走らない目立たない線区が主であった。だが、製造コストを抑えるために車輌そのものの耐用年数を犠牲にしたことで、登場してから10年程で老朽廃車となり、ファンに注目されることなく国鉄線上から消えてしまった。

本稿は『鉄道ピクトリアル』658号にて掲載した「国鉄レールバスのあゆみ」をたたき台として、その後に収集した内部資料や当事者のエピソードをまじえ、製造プロセスからエピソードに至るまでをまとめたものである。

原生花園のつかの間の夏、オホーツクからの潮風を受けて浜小清水駅をあとにするキハ03 19（釧シヤ）＋キハ03 20（釧シヤ）の網走行644D。
1963.8.2　釧網本線浜小清水　P：富樫俊介

西ドイツのシーネンオムニバス

　戦後の荒廃した国鉄を復興する上で、欧米の鉄道を視察しようという動きは、混乱の落ち着いた頃より開始された。1953（昭和28）年に入ると国鉄の長崎惣之助総裁自らが欧米に出向くことになった。この時、総裁は1月28日から約4ヶ月の日程で各国の鉄道を視察されたが、その中で特に目を引いたのが、当時の西ドイツやフランスのローカル線で使用されていた、2軸式の小型ディーゼル動車であったと言われる。軽ディーゼルカーとも呼ばれたこれらの車輌は、製造費が標準車の約半分で済み、動力費も大幅に削減できることを知り、大いに興味を持ったそうである。

　総裁にはこれがローカル線の効率的経営の切り札と映ったようで、帰国後すぐにこの小型ディーゼル動車の研究を行うよう指示を下した。このあと、同年6月からは笹村越郎工作局長、島秀雄新扶桑金属顧問らが欧米の鉄道視察に出向いている。この時は鉄道車輌の専門家による視察であるため、さらに綿密な調査が行われた。8月21日までの約2ヶ月の現地視察により、欧米の鉄道輸送の現状、とりわけディーゼル化による近代化の進み具合などが報告された。もちろん、小形ディーゼル動車の詳細も調べられた。

　この当時、西ドイツでは約200輌、フランスでは約700輌の小形ディーゼル動車が使用されていた。いずれも車体長が短く、自重も20t未満のものであった。西ドイツの車輌は2軸車であったが、フランスの車輌の中には車体が少し大型の、ボギータイプのものも存在した。機関の出力は110～150馬力であり、専用の付随車を牽引することも可能であった。

　国鉄が手本としたのは西ドイツのシーネンオムニバスという車輌であった。形式はVT95と呼ばれ、1950（昭和25）年に試作、1952（昭和27）年から量産が開始された車輌である。駆動機関は1台で1軸駆動であったが、後に急勾配線区用に駆動機関を2台とした2軸駆動式のVT98も加わった。VT95の初期車は全長10250mm、軸距4500mm、機関出力110馬力であったが、増備車は車体長を12750mm、軸距を6000mmと大型化し、機関も130馬力、さらに過給機を設けて150馬力とするなどの改良を加え、1955（昭和30）年時点で既に1000輌が製造されていた。

　これらの車輌の特徴は、鉄道車輌としては珍しく走行装置と車輌とを別々にして組み合わせる方式であった。自動車（バス）のシャーシとボディーとの関係と同じで、正にレールバスであった。走行装置は台枠に機関、動力伝達装置、冷却装置などを取り付け、これ

シーネンオムニバスの試運転中の姿　1952年から量産が始まり、後には2000輌もの大所帯に成長していった。日本と同様、西ドイツも敗戦からの立て直しに懸命だった時期で、後ろには蒸気機関車に牽かれたダブルルーフの客車列車も写っている。ドイツ連邦鉄道（DB）カッセル工場　P：星　晃

シーネンオムニバスと呼ばれる西ドイツの量産小型のディーゼル動車。写真のVT95形は1950年に試作車が登場し、1952年より量産が開始された。下の図面は交通技術106号に掲載された量産車のもので、国鉄レールバスの開始の際に参考とされた。ドイツ連邦鉄道（DB）カッセル工場　P：星　晃

に鋼板をプレスした骨組みに軽合金（ジュラルミン）をリベットで止めた軽量車体が載せられた。変速機は6段の機械式であるが、歯車は常時かみ合いにしておいて、電磁クラッチにより切り換える、ハイドロリッククラッチと呼ばれる方式であった。つまり、機械式とは言っても、日本の機械式気動車のようにクラッチペダルとシフトレバーにより変速するのではなく、運転台にある変速用の小型ハンドルを回すだけで変速が可能であった。このため簡単な電気回路の増設のみで総括制御ができた。これらVT95、VT98、そして付随車のVB142はその後も量産が続いて総勢2000輌を超える勢力となり、西ドイツのローカル線の顔ともなった。

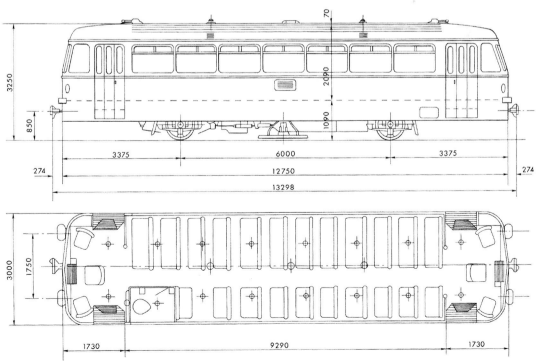

導入への消極的な意見

国鉄総裁や工作局幹部の視察により、より具体化してきた小型ディーゼル動車であるが、正直なところ国鉄当局はその導入には消極的であったようだ。当時はキハ45000（後のキハ17）の量産が軌道に乗り、ローカル線の輸送改善には液体式の大型車の投入が先決とされていた。工作局では次世代のディーゼル動車として、車体を軽量化して車体幅を拡大した車輌の設計や、機関出力を向上させる工事など、設計作業はより多忙を極めていて、そんな時に余計な車輌の設計には関わりたくない、というのが本音だったようだ。

また、運転局としても小型車の導入には否定的であった。当時は閑散線区とは言っても、最混雑時には1列車当たり250名位が乗車していた。これを定員50〜60名程度の車輌にどう乗せるかが問題となった。例えば、機械式の小型車で3輌編成にするならば、キハ45000形2輌編成の方が形式の統一や予備車の確保、乗務員の数などの点で有利とされていた。

だが、一刻も早くローカル線の経営改善に着手したいという総裁の意向により、小型ディーゼル動車の設計は東急車輌の協力を受けて、試作という形でスタートした。

レールバスの設計開始

小形ディーゼル動車はバス用の部品を極力流用し、ある程度の耐用年数は犠牲にしても、小型軽量で価格低廉とすることが第一の目標であった。そして1953（昭和28）年5月、はじめての設計会議が工作局客貨車課で開催された。正式には「2軸3等ディーゼル動車」という名称であったが、この時には〝レールカー〟という愛称で呼ばれていた。ちなみに〝レールバス〟という名称は「バスをレールに乗せたようなものであるのでレールバスといわれる」と、橋本正一氏（当時の本庁調査役）が交通技術86号に書かれたものがはじめてのようだ。この会議では主に西ドイツのシーネンオムニバスの資料をたたき台として、運輸省令や国有鉄道建設規程に合致するのかが検討された。例えば、固定軸距とした場合の軸距は従来の規程では4600mm以内となっており、そのままでは規程に抵触することになってしまうなど、規程をクリアできるのかが議題の中心であったようである。

車体に関してはまず車体幅が2400mmの場合と2600mmの場合とて検討されたが、最終的には2600mmとなった。室内の高さは最終的に2140mmとなったが、これは旅客自動車に対する車両規則23条により、室内の高さは1800mm以上という規則を準用したものである。このほか、床面より側窓下端までの寸法は約850mm、腰掛の数は旅客定員の1/3以上、出入口の踏段の高さは400mm以下、奥行300mm以上など、いわゆるバスの車体に関する規則を参考にしたようだ。

バス用部品を使用するとは言え、鉄道車輌であって決してバスではないのだから、別に自動車の規則を準用することはないと思うが、初めての車種であるため何らかの前例が欲しかったのではないかと思われる。このあたりがいかにも国鉄らしい対応と言える。

レールバスの概要

1953（昭和28）年6月の会議では次のような具体的なスペックが決められた。

①車体

車体はバスタイプの形状で、窓下部分に強度を持たせた構造。窓上の部分と屋根上は極力軽量化。車体長は10900mm、最大幅は2632mm、最大高さ（レール面上）は3051mmに決定した。鋼体骨組や台ワクは鋼板プレス物。外板と屋根板は在来車（キハ41000）では1.6mmであったが、さらに薄い1.2mmの鋼板を使用。幕板帯はやめ、側柱より長ケタを介して鉄タルキに連なる軽量構造とした。腰板は外側には露出せず、側構内部に隠したノーシル形状とした。

台枠は大きな荷重を受けるばね吊リ受部と機関吊リ部は横バリを通すが、中バリは省略。構造上は連結器高さと台枠の高さが一致しているので、連結器の台枠の曲げモーメントが小さく、力は横バリより側バリへと伝わるので、中バリを省略することが可能となった。

連結器はラッシュ時の重連運転や回送用として簡易連結器を取り付けることにした。連結時の取扱方法は、キハ41000の場合と同じく突放は禁止され、貨物列車などに連結の際は必ず最後部に連結することになった。

室内の内張りは、天井板には厚さ5mmの合板を用いた。床は厚さ1.6mmの鋼板を台枠に溶接し、その上にカバリウムを張り、裏面にはフェルトを張ることとした。

側窓は室内を明るくするため極力拡大。上部窓はHゴム支持の固定窓で、下部は上昇式とする。これはス

▶設計途上のレールバス形式図 設計は1953（昭和28）年春ごろから工作局客貨車課で開始された。具体的な図面が出来上がったのは8月になってからであった。この時点では幕板（窓上の寸法）が広く、屋根や前面窓の丸味が強いなど差異がある。また、当初は連結器を取り付けない予定であった。

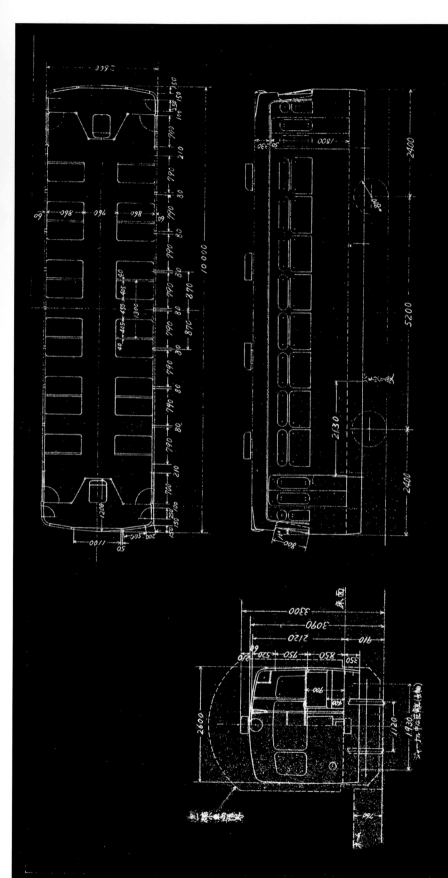

				二軸ヂィーゼル動車
縮尺	1/50	昭和28年3月 日		
設計				
図名				
製図(作成)	白田			
検図				

定員	座席	40人
	立席	12人
	計	52人
自重		約 10.5t
機関	形式	直列6シリンダ水冷 予燃焼室式ヂーゼルエンジン
	標準馬力	65HP (1200rpm)
	最高馬力	110HP (2200rpm)

変速機	遠隔操作による4段変速
逆転機	減速比 49×47/9=3813
最高速度(設計)	70 km/h
走り装置	2軸、2段リンク吊り装置
ブレーキ装置	ドラム式ブレーキ 又は手ブレーキ
連結器	簡易連結器

タンディングウィンドウとも呼ばれるいわゆる〝バス窓〟タイプ。窓ワクはアルミではなく鋼板製で、窓戸錠はバス用と同じ製品を使用した。

前面窓は3枚窓で、厚さ5mmのミガキガラスをHゴムにより10度傾斜させて取り付ける。側面の乗務員用の窓ガラスは通風と通票の授受の利便のため、内側に開く構造とした。

側出入口の扉は戸袋を廃止する目的で折りたたみ式の開き戸を採用。

腰掛は簡易構造で、背ズリは木ワクに合板をはめビニールクロスを張ったものに、腰掛受は鋼体ブレス材の溶接、フトンの上張りもビニールクロスで、中身はヘヤーロックを用いた。なお、腰掛の配置はオールクロスシートとした。

通風器は屋根上に押込式を6つ千鳥に配置。

室内灯はバス用の20Wのものを使用。切換スイッチにより腰掛上部の8つのうち4つを消灯できるようにした。前照灯（45W）と標識灯（20W）は埋込式で、室内より電球を交換できるようにした。

ワイパーはセニア一強力型という自動車用の電気式のものを前面窓に取り付ける。

②機関

機関は日野ヂーゼル工業製のDS21（60馬力）を1基床下に搭載。DS21は日野が当時売出し中であったアンダーフロアバス「ブルーリボン」で使用していた横型ディーゼル機関で、DS11を水平にしたタイプである。

③運転装置（下回り）

軽量で簡易構造とするため2軸車となった。だが、最高速度を70km/hとしたため、バネ吊リ装置は高速貨車用の2段リンク式とした。軸箱モリのない方式だが、大きく振れる時だけ当たるストッパーを設けた。

動軸については前後動が逆転機に悪影響を与えることから、軸箱支え棒を設けている。

車輪は軽量化と床面高さを低くするため、直径800mmの一体圧延車輪を用いた。削リ代がほとんどなく、ブレーキドラムを取り付けるため特殊な形状となっている。

車軸は軸受にブレーキスパイダを取り付ける関係から10t長軸を用いた。

軸受は内輪圧入式の直径95mm複列円筒コロ軸受を使用。

担バネは乗り心地を向上させるため、バネ板は厚くして枚数を減らした。材料はボロン鋼を用いた。

基礎ブレーキ装置は自動車用の内部拡張式の空気式ドラムブレーキを採用した。全輪制動方式としてブレーキドラムを車輪に取り付け、ブレーキスパイダを軸箱に取り付けた。このブレーキ装置は国鉄としては初の試みであったが、運転取扱心得7条に定めた非常制動を行って600m以内に停止出来るように調整することが必至条件とされた。また、ドラムの過熱を防ぐため、停車の際の使用時間は極力短くし、下リ勾配ではエンジンブレーキを併用することが指示された。

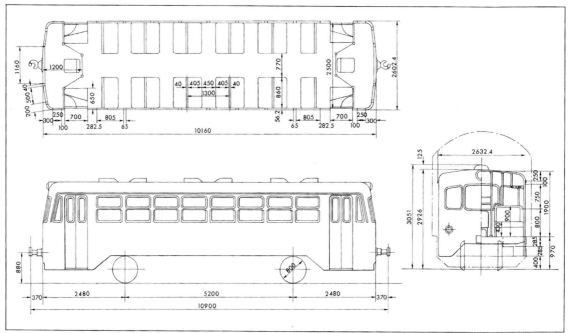

白棚線用のレールバス形式図　この図面は林　正造氏（工作局客貨車課）が交通技術93号に寄稿された〝小型ディーゼル動車について〟の中に掲載された形式図である。プラットホームを設けない方針であったことから、11頁の図面よりもステップが延長されていることがわかる。

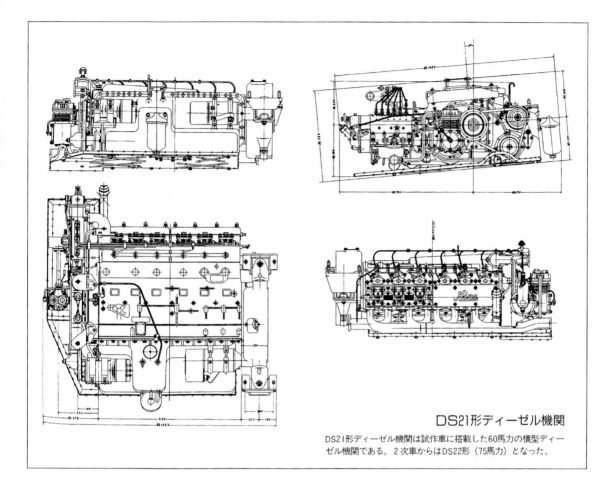

DS21形ディーゼル機関

DS21形ディーゼル機関は試作車に搭載した60馬力の横型ディーゼル機関である。2次車からはDS22形（75馬力）となった。

空気ブレーキ装置はSMEブレーキ装置を採用した。この装置は通常は直通ブレーキとして使用されるが、連結時に列車分離などの事故が起きた際は、分離点を境として共に自動ブレーキが作用する。また、貨物列車の後部などに連結して回送する場合は非常ブレーキのみ作用させることができる。軽量化と保守費の制約のため、ブレーキシリンダは用いず、自動車用のブレーキチェンバーを用いた。

空気圧縮機は自動車用のものを機関に直結させた。

手ブレーキ装置は動軸のみ作用する新型のタイプを前後の運転台に備えた。

変速機は自動車用の前進4段、後退1段の選択スベリ噛み合い歯車式を採用。クラッチは乾燥単板式である。

④付属装置

笛（タイフォン）は自動車用のエイトDT形と呼ばれる電気警報機で、周波数（音色）の異なるものを2個組み合わせた。

運転台を使用しない時は加減ペダル（アクセル）とクラッチが隠せるような折戸を設けた。なお、変速テコ（チェンジレバー）は抜き取る構造で、運転する際に差し込んで使用する。

暖房は室内より取り入れた空気を、機関放熱器を通して温め、腰掛下の吹出口より室内に送る循環式。

逆転機はキハ41000などに用いた圧縮空気により動作するものをさらに小型軽量化したものを用いた。

燃料の加減（噴射燃料の増減）は運転台の加減ペダル（アクセルペダル）を踏むことでリンクロッドを介して燃料ポンプを操作する。また、アイドリングの際に便利なように、ネジ式の燃料ボタン（スロットルボタン）により加減することも可能である。

この他、床下には燃料タンク（容量150ℓ）を1基、機関に直結した500Wの充電発電機、24Vの蓄電池、機関冷却装置などが取り付けられている。

塗色は窓および腰板下部がクリーム色4号、幕板および腰板が赤2号のツートンカラーとなった。このカラーの組み合わせは、後に特急型車輌にも塗られることになる洒落た配色である。屋根は青灰色1号で、台枠と床下機器が黒色、機関と連結器は灰色である。室内は天井が白色、羽目板、窓、扉、腰掛ワクなどが淡緑2号、腰掛受、ケコミ板、出入口踏段が灰色という配色となった。

幻の白棚線への投入計画

　東北本線の白河と水郡線の磐城棚倉との間には、かつて全長23.5kmの白棚線というローカル線が通っていた。元々は白棚鉄道という地方鉄道であったが、経営難から鉄道省が借り入れ、1940（昭和15）年5月に正式に鉄道省に買収された。しかし、戦時中の1944（昭和19）年12月11日付けで不急不要線として営業休止となった。線路などの資材は供出され、以後は省営バスによる代行輸送が始まった。

　やがて戦後の混乱も落ちついてくると各地で不急不要線を復活しようとする動きが出てきた。国鉄ではこの白棚線をローカル線の能率的経営のモデルケースとして位置付け、レールバスにより旅客輸送することを決定した。建設費を抑えることから駅にも通常のプラットホームは設けず、車輌のステップを低くする構造とすることや、列車の本数、投入輌数など詳細な計画がまとめられた。

　しかし、その後の試算により大幅に計画が修正されることになった。もともと白棚線は沿線人口が少なく、短絡線としての意義もさして無く、仮にレールバス投入による効率的経営を行っても年間約3500万円程度の赤字が発生することが判った。そこで線路敷を国鉄自動車の専用道として再生することが提案され、調査が始まった。そして、1956年（昭和31）年9月の鉄道審議会で自動車道化が決定し、この時点で白棚線の鉄道としての復活案は完全に消えてしまう。

　白棚線は1957（昭和32）年4月26日から白棚高速自動車線という名称で国鉄バスが走りはじめた。そして投入されたバスは偶然にも日野のブルーリボンであった。鉄車輪からゴムタイヤに変わったとはいえ、DS21の響きが白棚線で聞かれることになったのである。

木原線への投入

　行き場を失いかけたレールバスではあったが、縁あって千葉鉄道管理局の木原線に投入されることになった。木原線は房総東線（現外房線）の大原と小湊鉄道の上総中野を結ぶ26.9kmのローカル線で、東京に近い線区の中では最も経営状態が悪かった。そこで、このレールバスを投入して大増発を図り、収支を改善しようとする計画が持ち上がった。

　レールバス4輌は東急車輌で製造後、相模線において試運転を行い各種データが集計され、原宿の宮廷ホームで開催された新車の展示会にも参加した。そして9月1日より木原線でのデビューを果たした。今で言

新車展示会でのスナップ。EH10 1、DD11 1と共にキハ10000も展示され、

うフリークエントサービスのテストケースでもあったが、思わぬ誤算も生じる。それは増発により旅客を誘発した結果、一部の列車が定員超過を起こし、積み残しを出すほどになったのである。このことは後に問題化していき、レールバスの命運を左右することになる。だが、この時点ではローカル線の活性化という当初の目的を達成し、レールバスは概ね好評をもって受け入れられたようである。

8月28・29日の2日間で何と14000人もの見学者が押し寄せた。　　　　　　　1954.8.28　原宿宮廷ホーム　P：石川一造

旭鉄局独自の投入計画

　レールバスの評判が高まってくると、ぜひ我が局にもという動きが全国的に広まった。その中にあって、旭川鉄道管理局（以下旭鉄局と略）は特に積極的な動きを見せていた。旭鉄局の管内には深名線、興浜北線、興浜南線、相生線、湧網線、網走本線（後の池北線）など、輸送密度の少ない線区が多くあり、これらをレ

ールバスの使用により効率のよい輸送にしたいと考えていたのである。だが、導入に当たっては少々勇み足とも言うべき手段があったようだ。

　『鉄道ピクトリアル』誌の132号に「国鉄気動車の過去・現在・将来」と題して内村守男氏（当時は車両設計事務所の気動車担当の主任技師：故人）が書かれた論文によれば、「当時現地と車輛メーカーの直接交渉で、8輛のレールバスが現在の利用債による方法に近

箱庭と呼ぶに相応しい、純日本的な風景の中を走る木原線のレールバス。長閑な雰囲気とは裏腹に経営はとても厳しい。

P：鉄道博物館提供

いもので計画されたりして、話題をかもしたことなどもあった」と述べられている。車輌の購入などは本来ならば本社計画として様々な手続きを経由してメーカーに発注されることになっていた。だが、当時の旭鉄局長の斉藤治平氏（故人）はメーカーと直接購入の交渉をしてしまい問題となったそうだ。

斉藤局長は1954（昭和29）年10月18日付けで就任された方であるが、この裏にはあの痛ましい海難事故の影響があった。1954（昭和29）年9月26日に発生した洞爺丸事故は死者1155名という、タイタニック号に次ぐ世界の海運史上2番目の海難事故となった。この洞爺丸には、9月28日から本庁で開催される予定であった全国鉄道管理局長会議に出席するため、浅井政治北海道総支配人、舟津敏行旭鉄局長、栗林達男札鉄局長（初代旭鉄局長）など6名の幹部職員も乗船され殉職されている。そして、斉藤局長は舟津局長の後任として本庁から旭川へ着任したのであった。

斉藤氏は、1937（昭和12）年に鉄道省に入省し、自動車局総務課長などを歴任された。かなり精力的に活動される方のようで、就任早々のレールバスの導入計画も氏のバイタリティーがあってこそ実行されたのではないかと推測される。手続上に問題があったとは言え、地元ではレールバス導入の立役者として今でも語り継がれている。なお、斉藤局長はレールバスの投入を見届け、1957（昭和32）年8月には東京鉄道管理局長に就任されて、北海道を離れている。

酷寒地での試運転

前述したように、レールバス導入の必要性については否定的な意見が多く、このような小形車輌が国鉄に必要なのかといったものが大半であった。だが「北海道のような降雪区間でも使用が可能であれば用途は広くなるだろう」と、北海道の閑散線区用としてはレールバスの導入を可とする意見を、当時の運転局列車課長の石原米彦氏が交通技術86号で述べられている。

旭鉄局での導入計画が持ち上がってからか、それとも本庁での調査が先であるかは不明であるが、1955（昭和30）年1月から2月にかけてレールバスの耐寒耐雪試験が北海道で行われた。供試車は木原線用（大原）のキハ10003で、試験に先立ちスノーブロウの取り付け、機関と燃料タンクの保温オオイの取り付け、冷却ファンに締切リ戸の取り付け、笛に布オオイなどの設備、通風器にふさぎ板の取り付けなどが施工された。

試験はまず1月22日から26日まで宗谷本線の旭川ー名寄間を中心に実施された。－16℃という気温のため、冷却水が過冷となって機関の出力が低下し、塩狩ー和寒間の20‰の勾配区間では坂を辛うじて上り切るという状態であったという。

ついで1月28日から2月20日にかけては興浜南線での長期試験に移った。これは旅客を実際に乗せるもので、現場では「試行」と呼んでいた。この試行期間中は、平常ダイヤならば5往復のところを7往復として

興浜南線で耐寒耐雪試験を実施したときのスナップである。左から2人目が遠軽機関区助役（当時）の真辺正雄氏で、運転指導のほか試験走行の結果をまとめる作業もされた。写真提供：真辺正雄

竣工間もないキハ10001　1954（昭和29）年に登場した際は前面に番号が標記されていない。また、前面中央の切り込みもなく、前照灯上部の塗り分けも赤2号の面積が少ない。これらは1956年頃まで変更している。
大原　P：白井茂信

デビューして2年目のキハ10000　塗色や標記などが改められている。当時、レールバスの管理は大原運輸区が担当しており、所属標記も千ヲハとなっている。翌年には千ヲハウに変更され、後に勝浦運転区の担当となると、所属標記も千カウに改めた。
1956.10.28　大原　P：伊藤　昭

タタン、タタンと軽快なジョイント音を響かせて、レールバスは山里を通りすぎていく。　　1956.10.28　大原－上総東　P：伊藤　昭

フリークエントサービスを行っている。この際の耐寒試行運転については、実際にハンドルを握ったことのある真辺正雄氏に直接お会いして状況をお聞きした。真辺氏は戦前に鉄道省に入省したが、すぐに応召されて満州に渡った。1939（昭和14）年から牡丹江で任務につき、そこで自動車の運転技術を身につけられた。地区司令官の運転手を経て、航空兵団司令部に配属され、牡丹江と、ハルビン間を伝書使として夜間往復するという激務を約7ヶ月間経験された。さらに台湾、フィリピンに渡リ、1946（昭和21）年になって復員されている。

DS21形ディーゼル機関　日野製のバス（ブルーリボン）やトラックに搭載していたアンダーフロア形。　　1961.1.3　大原　P：合葉清治

　レールバス導入の頃は、遠軽機関区で助役をされていた。蒸気機関車の全盛期において内燃車輛に精通していた真辺氏は貴重な存在であり、この試行中も運転指導の担当として現地に常駐したそうである。当時の記録によれば概ね順調ではあったが、やはり雪の吹き溜まりにはとても弱く、通常の蒸機列車ならば問題にならない程度でも、排雪列車を呼ばなくてはならないことが10回程あったということである。こんなときは旅客から、レールバスに対する不満をぶつけられたそうである。変わった故障としては、2月7日に機関が過熱してシリンダが焼け付き運転不能となり、沢木駅

から約1kmを手押しで興部まで収容したことがあった。故障の原因は冷却水の欠乏であったが、現地で簡単に修繕することはできなかった。修繕方法を色々思案した結果、日野ジーゼル販売より応援に来てもらうことにした。当時、日野は道内各地でバスやトラックの売り込み中で、大きな街ならば営業所があった。修繕はブルーリボン用のDS21機関であることからスムーズに進み、2月12日に試運転を行ったのち、翌13日から平常に復した。レールバスの機関がもし特殊なものだったら運休はさらに延びたてあろう。この時ばかりは、汎用品のバス用機関を採用したことが幸いした。

北海道で活躍をはじめたレールバス　名寄機関区にはキハ10004～10006（後のキハ01 51～53）が配置され、深名線用として使用した。写真は投入直後と思われるスナップで、前面の番号標記がない。また、夏季なので床下の機関オオイ（カバー）を一部取り外している。　　　　写真所蔵：加藤達也

▶東急車輛が作成したパンフレット（23頁から）　レールバスのパンフレットは国鉄でも制作しているが、東急のものは写真や諸元表も充実していて同社の意気込みが伝わる。国鉄のレールバスは東急のみが製造しているが、どのような経緯で契約されたのかなど不明な点も多い。これは筆者の推測だが、同社は戦後発足した後発メーカーなので、できるだけ国鉄の契約を取っておいた方が、後で役立つと考えたのではないだろうか。　　所蔵：岡田誠一

ディーゼル動車（キハ10000型）
（レール・バス）

東急車輌製造株式會社

キハ10000型の説明

　キハ10000型は従来のディーゼル動車を研究改良して能率の向上と乗客の乗心地とを考慮した結果生れた小型ディーゼル動車でありまして，エンジンは日野ディーゼルのDS21型といふ自動車用の優秀エンジンを使用しております。

車体寸法，自重等も大型バス並で車体構造もバスに近いものになっておりますから一口に云へば，**レール上を走る大型バス**（レール・バス）とも申せます。

　このディーゼル動車は今回初めて**国鉄に採用**になりましたもので，種々の新しい企画設計が折込まれ，**快適な乗心地，簡易な操作保修，経費の節減**等の諸条件が充分に満されております。

　殊に建造費は大型バス並で従来のディーゼル動車の**三分の一**の価格を目標としております。

　速力は　(1)　平坦線で９０人乗車の時に70kM時　(2)　35/1000勾配で25kM時で走る事が出来 バスより軽快な乗心地になっております。

　　　　室内はディーゼルエンジンで暖められた空気が送り込まれて**冬期暖房**として用ひられる装置があります。キハ10000型は構造機能の設計に細かい点迄綿密な考慮を加えてあります。

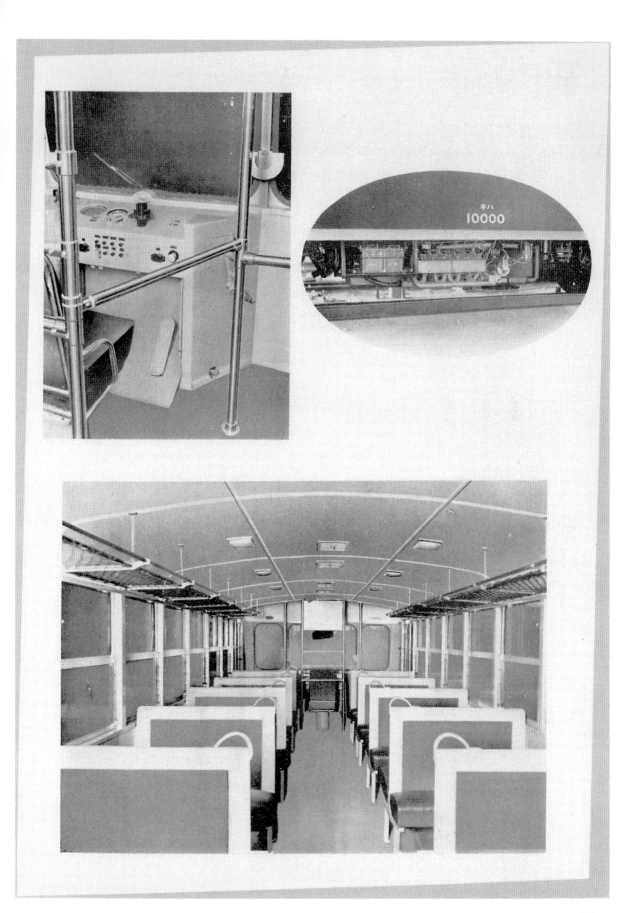

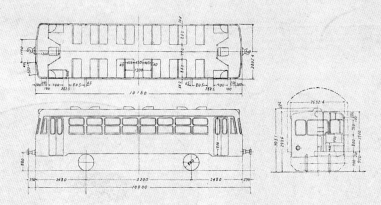

キハ10000型ディーゼル動車主要目及び機関

名　　　　称	記　　　事	名　　　　称	記　　　事
定　　　　員	座席40, 立席12, 計52人	内　経　×　行　程	105 × 135mm
自　　　　重	約　10, 5 t	給　排　気　量	7,014 c c
車　体　長　さ	10,160mm	標　準　回　転　数	1,200r. p. m
車　体　巾	2,600mm	最高許シ回転数	2,200r. p. m
屋根高さ（軌条面上）	2,926mm	連続出力（30分）	60HP（1,200r. p. m）
床面高さ（　〃　）	970mm	最　高　出　力	110HP（2,200r. p. m）
軸距（車輪巨離）	5,200mm	機関寸法（長×巾×高）	1,557×1,483×588mm
機　関　形　式	直列6シリンダー水冷式		

列車一粁当り運転経費（国鉄調査による）

機関車，　客車3両	合　　計　182, 39			
（定員　240人）	燃料, 油脂費 67, 17	修繕費 40, 85	償却費 61, 95	人件費 12, 42
ディーゼル動車2両	合　　計　129, 36			
（定員　240人）	燃料 油脂費 17, 60	修繕費 40, 84	償却費 58, 50	人件費 12, 42

東急車輌製造株式会社　　資本金　弐億円

取締役社長　吉次利二　　　専務取締役　大塚秀雄, 渡辺四郎

本社, 工場：横浜市金沢区釜利谷町一番地　　　電話長者町 (3) 9491—5

東京事務所：東京都中央区日本橋通り一丁目六番地（大正海上第三ビル）電話千代田 (27) 7451—3

営業種目：客電車, 貨車, ディーゼル機関車, ディーゼル動車, 自動車ボデー, トレーラー, 工作車,
土木建設機械, 鋳鋼, 鋳鉄

工場敷地：82,000坪　　　建物敷地：22,000坪　　　従業員数：2,000人

代理店名	

2次車（キハ10004～）の製造

　耐寒耐雪試験の結果は旭鉄局でまとめられて本庁に送られ、本格的な導入に向けての具体的な検討に入った。この2次車と呼ばれる寒地向け車輌は1955（昭和30）年5月頃より本格的な設計が開始された。以下、試作車との相違点を列記する。

①床仕上げ材をプラスタイルに変更し、側窓ワクと出入口カモイ部を強化。

②機関は、積雪時や勾配区間での走行を考慮して60馬力のDS21から75馬力のDS22へと変更した。

③運転台の前面窓には取り外し可能なデフロスタを取り付けた。

④暖房装置は試作車に採用した温気暖房のほかに、三国商工製のウェバスト式（RH-65形）暖房器を併設。また、機関とその付属装置にはオオイが取り付けられ（夏季は取り外し可能）、ウェバスト暖房器により保温（予熱）を可能とした。なお、床下にウェバスト暖房器を取り付けた関係で、燃料タンク（容量150ℓ）を1位側の室内（床上）に移設した。

⑤屋根上の押込式通風器は冬季のすきま風の侵入を防ぐことを優先して6つから4つに減らした。

⑥側鋼体の裏側には保温のためにフエルトが張られた。

ブレーキ装置　左側の円盤状の装置はシリンダの役目をするブレーキチェンバ。写真はキハ03 1のもの。　　　P：岡田誠一

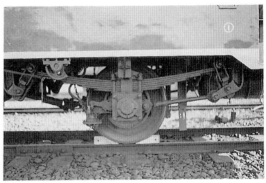

走り装置　2段リンクばね吊り装置を採用している。担いばねは乗り心地の向上のため枚数を減らし、ばね板は厚くしている。P：合葉清治

キハ10005　乗客をキューロクのけん引する客車列車へ乗り継がせた後はのんびり休憩。キハ10005は1957（昭和32）年にキハ01 52へと改番、後に函館へ転属していき、函館本線（山線）で活躍することになる（5頁の写真参照）。
　　　　　　　　　　　　　　　　　　　　　　　深川　P：鉄道博物館提供

⑦腰掛は試作車ではオールクロスシート配置であったが、混雑時の経験から出入口付近をロングシートとしたセミクロスシート配置に変更。

⑧前面下部にスノーブロウを取り付けられるようにした。

⑨汽笛の凍結防止と音量増加を行った。

⑩ブレーキドラムを密閉化した。

⑪手ブレーキハンドルを両運転台に取り付け。

⑫機関放熱器に検水コックを取り付け、冷却水の確認を容易にし、ファンの取り付け部を強化。

⑬SME空気ブレーキ装置に改良が加えられ、元空気ダメを2つとした。

⑭充電発電機を500Wから1kwに増強した。

⑮走り装置では担バネをボロン鋼からクロムマンガン鋼に変更。

　以上のような改良を加えた2次車は1955（昭和30）年8月に8輌が完成し、旭鉄局（名寄および北見）へ発送された。名寄に配置された3輌は深名線で、北見に配置された5輌は石北本線、網走本線、相生線などで活躍を始めた。

デフロスター組立図

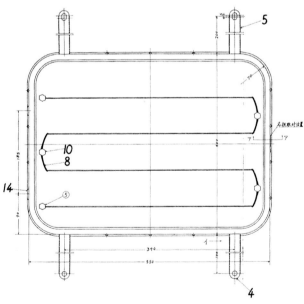

2次車の前面窓ガラスには電熱式のデフロスタが取り付けられている。塗色はクロームメッキが施してある箇所を除き、金属部分には淡緑3号が焼き付け塗装されている。なお、夏季には取り外せる構造となっている。デフロスタは3次車（寒地向）と4次車でも標準装備である。

◀深川に到着したキハ10005　屋根上の塗り分けラインに注目したい。右奥に写っている給水塔は現在でも残っている。P：鉄道博物館提供

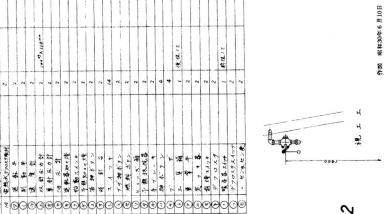

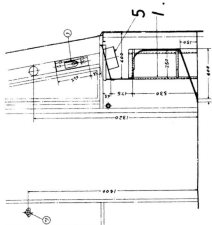
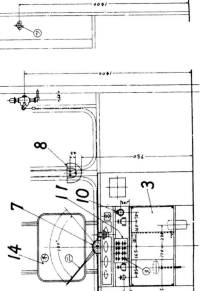

作図 昭和30年6月10日
乗務員室機器配置
VB 12771
キ〜 10004〜10011

2次車の乗務員室機器配置　運転台は正しハスそのもので、客室との仕切りははパイプのみ。運転装置もハンドルが無いことを除くとハスと大差はない。キハ41000などのシフトレバーは右手操作となっていたが、これは左手操作である。

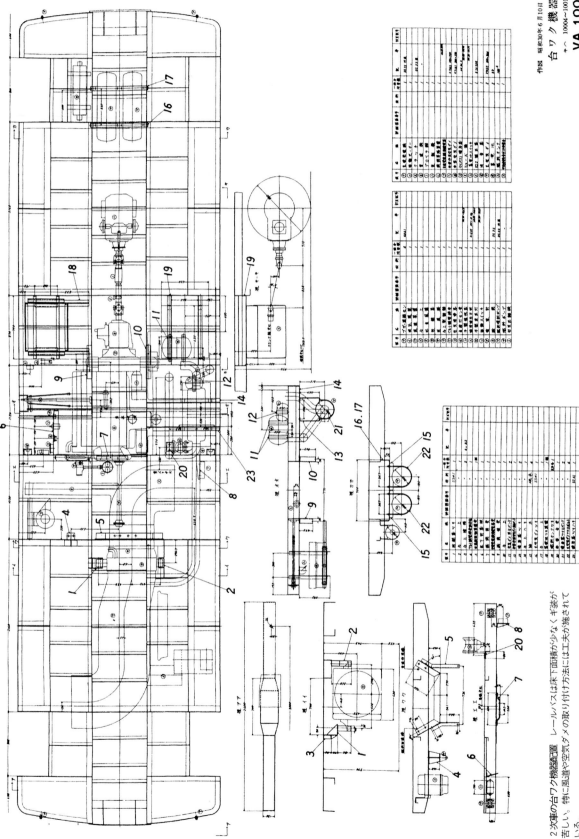

台ワク機器配置

VA 100010

キハ 10004～10011

2次車の台ワク機器配置。
レールバスは床下面積が少なく艤装が
苦しい。特に風道や空気ダメの取り付け方法には工夫が施されて
いる。

31

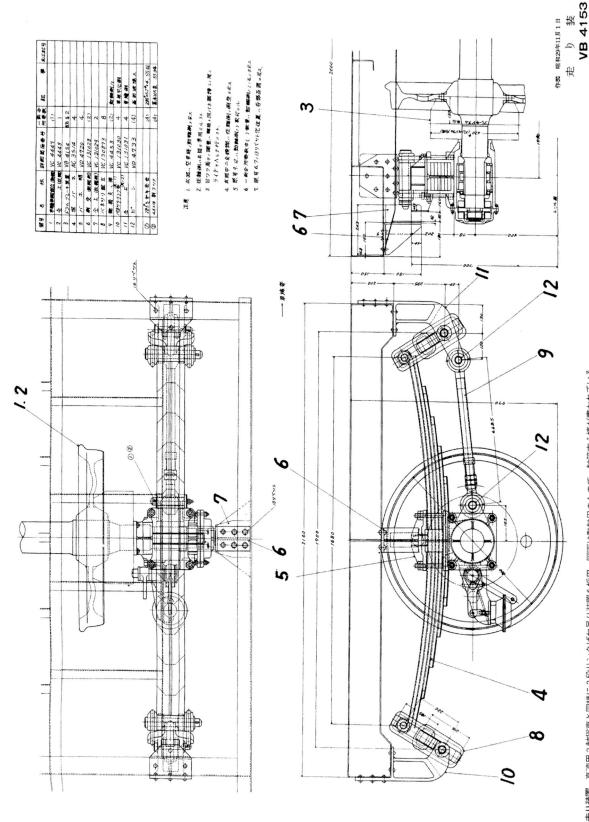

走り装置　高速用。2軸貨車と同様に2段リンクばね吊り装置を採用。図面は動軸用のもので、軸箱支え棒が書かれている。

作照　昭和29年11月1日

走り装置
VB 4153

32

3次車（キハ10012〜）の製造

　2次車が完成した頃、工作局では既に3次車についての設計打合会議が始まっていた。3次車は車体構造が大幅に変更された点が特徴で、閑散線区における車掌業務の便を考慮して出入口は中央部の1箇所とした。また、通票の授受作業を容易とするため左側運転台とし、その結果前面窓は2枚窓となった。

　以下、3次車の設計変更点を列記する。

①車体の外板は在来車と同じ1.2mmであるが、屋根板はさらに薄く0.9mmとした。側柱は厚さ1.6mmとし、腰帯を廃止して厚さ2.3mmの内帯受に強度を持たせる構造とした。なお、屋根板が薄くなったため、タルキと長ケタはリベットで止められている。

②側窓のうち、中央出入口脇の車掌用窓は幅450mmの落としガラス窓とした。

③前面の2枚窓は厚さ6mmの合わせガラス（ミガキガラス）に変更。なお、キハ10000〜10011についても交換が生じた際は合わせガラスに取り替えることにした。また、運転台の側面ガラスは、引き違い式のガラス窓とした。

④客室灯は2灯を5つずつ配置。

⑤車掌弁は中央出入口の2位側に設けた。

⑥暖房装置は中央の出入口付近を境として、前位側には機関放熱器を通った温気が、後位側にはウェバスト式暖房器を通った温気がそれぞれ送り込まれる。なお、暖用のキハ10023〜10028にはウェバスト暖房器はなく、キハ10000〜10003と同じく、機関放熱器を通った温気のみが吹き出し口より送られる方法である。

⑦従来の機関カバーの形状は、車輪のタイヤ厚が薄くなった時や満員となったときに第1縮小車両限界に抵触する可能性があった。このため、3次車では燃料タンクの下端を切り、形状を変更した。なお、2次車でも改修することになり、キハ10004〜10007は既に旭鉄局に発送後であったので、現地で改造することにし、キハ10008〜10011については東急車輌で至急手配して改造した。

　これら3次車はキハ10012〜10022が寒地用として旭鉄局（遠軽）へ配置され、名寄本線、渚滑線、興浜南線用となった。キハ10023〜10028は暖地用として広島鉄道管理局（三次）と門司鉄道管理局（直方・佐々）に配置された。三次の車輌は三江南線用となり、直方と佐々の車輌は幸袋線、柚木線、世知原線、臼ノ浦線で使用された。

車体が大幅に変更された3次車。通票の授受を容易とするため運転台が中央から左側に寄り、前面窓は2枚窓となった。また、出入口も車掌業務の便を考慮して中央に1箇所のみ設けた。写真のキハ10019は寒地向けとして北海道に配置されたが、後に九州へ転属した。　　　P：東急車輌製造

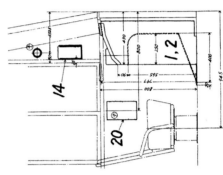

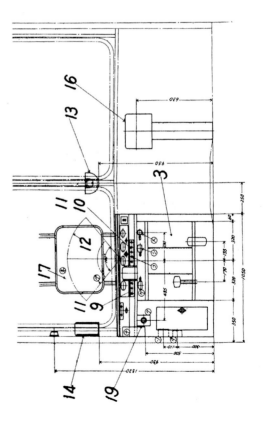

作図　昭和30年8月15日

乗務員室機器配置

セハ 10012 以降

VB 12777

注意：本図ハ寒地用ノ場合ヲ示シ、暖地用ニハ、デフロスタ及ビウォッシャ等ヲ除キマス。

3次車の乗務員室機器配置。運転装置そのものは2次車と比べて差異はないが、大きく変化したのは運転台が左側に寄ったことである。これは列車交換時の通票授受を容易にすることを目的としたもの。

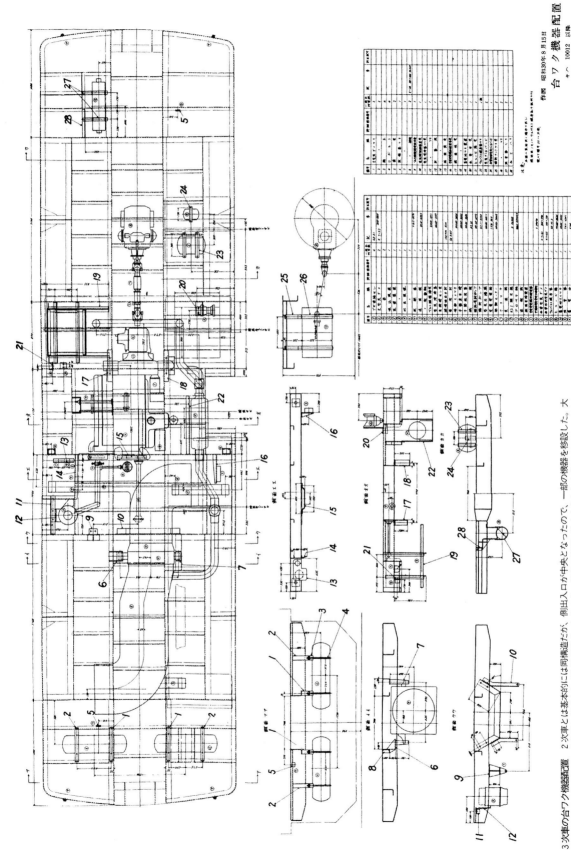

作図　昭和30年8月15日

台ワク機器配置

ナハ 10012 以降

VA 100015

3次車の台ワク機器配置　2次車とは基本的には同構造だが、側出入口が中央となったので、一部の機器を移設した。大きな変化は元空気ダメで、後位側に長手方向に取り付けていたものを、前位の末下に枕木方向にした点。

4次車（キハ10200〜）の製造

　レールバスによるフリークエントサービスは好評で、特に北海道地区においては増備が希望された。だが、在来車が十分な寒地仕様となっていないことから、冬季においては苦情が寄せられていた。これを受けて、4次車からはさらに耐寒耐雪構造を強化した設計変更がなされた。

①車体構造は3次車と基本的に同じであるが、床板を厚さ25mmの木板張りとした。これは製作費を抑える目的もあったが、冬季の保温やすべり止めとしての効果も考慮されている。

②内張と天井板は合板であったものを厚さ3.5mmの硬質繊維板（ハードボード）に変更した。内羽目板はビニールクロス張りとし、天井板の塗りつぶしとした。

③室内の金具類（あみ棚や仕切りパイプ）は安価なものに変更。

④側窓は在来車と基本的には同じであるが、内側にガラス窓を設けて二重窓とした。また、側出入口のヒンジ部の風止めのゴムを改良した。これにより外部からの隙間風の侵入を防いだ。

⑤機関はDS22のままであるが、始動発電機を在来の6馬力から一般気動車用の7馬力に変更。

⑥機関放熱器は、3次車までは蒸気抜きがあったが、

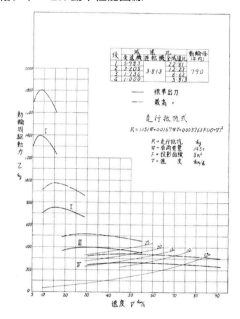

二軸ディーゼル動車性能曲線

今回から密閉型として内部に0.3kg／cm²の圧力を与えることにした。また、冷却水の注入口を不用意に開けて蒸気が吹き出す事故があるので、放熱器下部のドレンコックに排水とガス抜の位置を設けた。

⑦空気圧縮機は容量を約8割ほど増加させた。

⑧在来車（キハ10012〜10022）の暖房は前位側では機関放熱器を介した温気、後位側はウェバスト式暖房による温気により行っていたが、前位側の暖房は弱いうえ、機関冷却用の空気を室内に循環させることは、機関の冷却が十分に行われず、機関が過熱する原因ともなった。このため、4次車ではウェバスト式暖房器の容量を8500kcal/h（RH-85形）とし、機関放熱器を介す温気暖房はやめ、機関冷却用の空気は外気より直接取り入れることにした。

⑨前面にはV字形（単線用）の雪カキ器を取り付け（取り外し可能）、笛は屋根上に取り付けて雪よけのカバーを設けた。

⑩手ブレーキはブレーキ倍率をあげて、勾配のある留置場所での転動防止を図っている。

⑪円筒コロ軸受のスラスト受を、フェルトから耐摩擦レジンに変更したほか、担バネの間にグリースを塗るとピッチング（たて揺れ）が起こるので、今回からは中止した。

　このように各部に寒地用としての改良を加えた4次車は、1956（昭和31）年の秋までに旭鉄局（稚内・遠軽）、釧路鉄道管理局（標茶）に配置された。これにより3次車のうち旭鉄局に配置されていた10輌は、稚内のキハ10022を除き多治見、直方、佐々へ転属した。

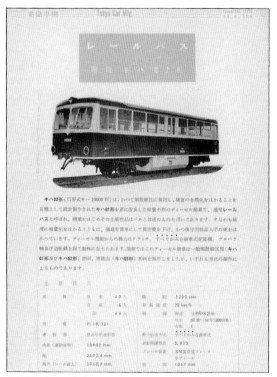

東急車輌が作成したキハ02のパンフレット。1958（昭和33）年に制作したもので、前出のキハ10019（旭エン）の写真が使用されている。

キハ10207 本格的な寒地装備を施した北海道用のレールバスである。側窓が2重窓となったほか、床板も保温などの理由から木製とした。このキハ10207は1957（昭和32）年の改番でキハ03 8となり、新製配置の遠軽から離れることなく、1966（昭和41）年7月に廃車となった。　　P：東急車輌製造

キハ10207の車内　北海道用として製造されているため、側窓が二重窓となったほか、側出入口のヒンジ部からの隙間風を防ぐ工夫が見られる。また、室内の金具類は出来る限り安価な製品が用いられた。なお、写真では見えないが、暖房装置が強化されている。　　P：東急車輌製造

機械式　3等　ディーゼル動車

番号　キハ　011〜014

形式　キハ 01
（旧形式 10000）

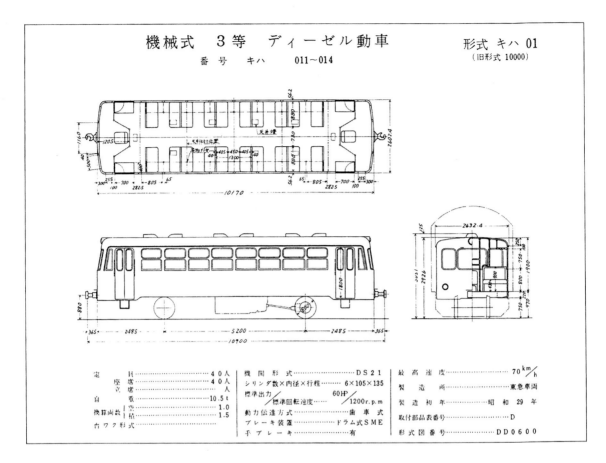

定　員	40人	機関形式	DS21	最高速度	70 km/h
座　席	40人	シリンダ数×内径×行程	6×105×135	製造所	東急車輌
立　席	人	標準出力／標準回転速度	60HP／1200r.p.m	製造初年	昭和 29 年
自　重　空	10.5 t				
換算両数　空	1.0	動力伝達方式	歯車式	取付部品表番号	D
換算両数　積	1.5	ブレーキ装置	ドラム式SME		
台ワク形式		手ブレーキ	有	形式図番号	DD0600

機械式　3等　ディーゼル動車

番号　キハ　0151〜0158

形式　キハ 01
（旧形式 10000）

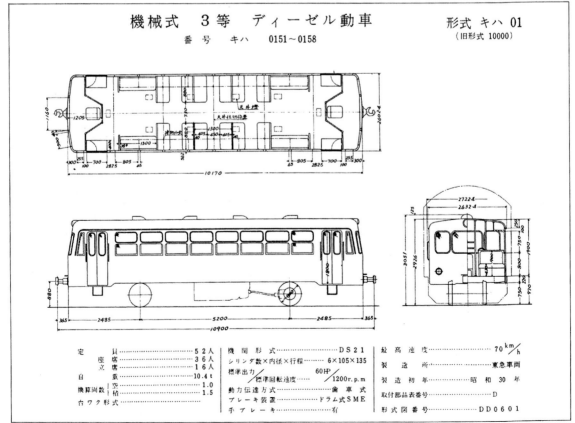

定　員	52人	機関形式	DS21	最高速度	70 km/h
座　席	36人	シリンダ数×内径×行程	6×105×135	製造所	東急車輌
立　席	16人	標準出力／標準回転速度	60HP／1200r.p.m	製造初年	昭和 30 年
自　重　空	10.4 t				
換算両数　空	1.0	動力伝達方式	歯車式	取付部品表番号	D
換算両数　積	1.5	ブレーキ装置	ドラム式SME		
台ワク形式		手ブレーキ	有	形式図番号	DD0601

（機関形式は実際にはDS22）

機械式　３等　ディーゼル動車

番号　キハ　　021～0217

形式 キハ 02
（旧形式 10000）

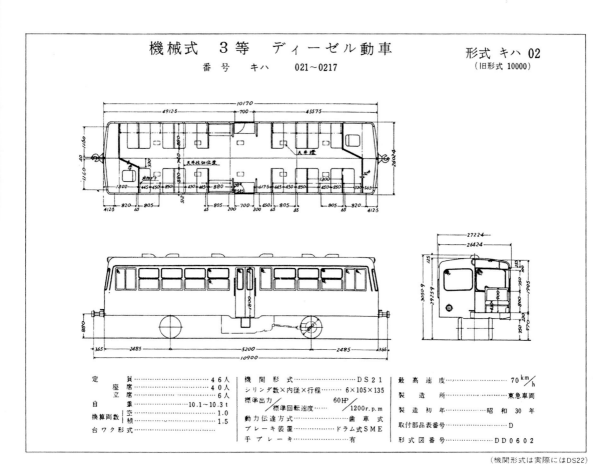

定　　員	………	４６人	機 関 形 式	………	DS21	最 高 速 度	………	70 $\frac{km}{h}$
座　席	………	４０人	シリンダ数×内径×行程	…	6×105×135	製 造 所	………	東急車両
立　席	………	６人	$\frac{標準出力}{標準回転速度}$	$\frac{60HP}{1200r.p.m}$		製 造 初 年	………	昭 和 30 年
自　　重	…	10.1～10.3 t	動 力 伝 達 方 式	………	歯 車 式	取付部品表番号	………	D
換算両数 空	………	1.0	ブ レ ー キ 装 置	………	ドラム式SME	形 式 図 番 号	………	DD0602
積	………	1.5	手 ブ レ ー キ	………	有			
台 ワ ク 形 式								

（機関形式は実際にはDS22）

機械式　３等　ディーゼル動車

番号　キハ　　031～0317

形式 キハ 03
（旧形式 10200）
北海道向

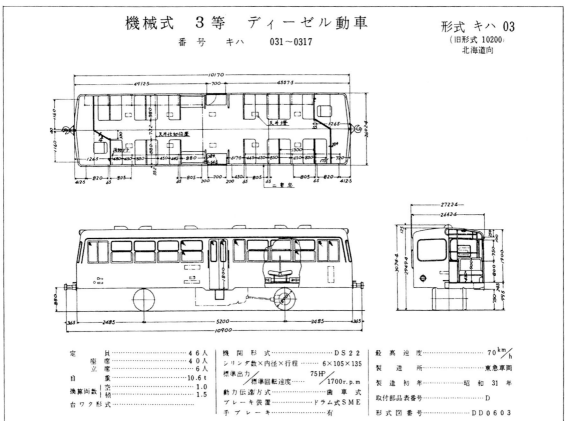

定　　員	………	４６人	機 関 形 式	………	DS22	最 高 速 度	………	70 $\frac{km}{h}$
座　席	………	４０人	シリンダ数×内径×行程	…	6×105×135	製 造 所	………	東急車両
立　席	………	６人	$\frac{標準出力}{標準回転速度}$	$\frac{75HP}{1700r.p.m}$		製 造 初 年	………	昭 和 31 年
自　　重	………	10.6 t	動 力 伝 達 方 式	………	歯 車 式	取付部品表番号	………	D
換算両数 空	………	1.0	ブ レ ー キ 装 置	………	ドラム式SME	形 式 図 番 号	………	DD0603
積	………	1.5	手 ブ レ ー キ	………	有			
台 ワ ク 形 式								

根北線の終点、越川駅に到着したキハ03 14。この路線は開業してから
わずか13年後の1970（昭和45）年に廃止となる。P：鉄道博物館提供

経年変化について

　レールバスはわずか10年程で消えたことから、経年による変化は少ない。それでも細かい点を見ていくと趣味的に興味深いものも多い。ここでは1957(昭和32)年以降の変化を追ってみる。

◆前面の形式番号の標記

　1次車と2次車では登場時には前面(妻面)に形式番号が入っていなかったが、3次車が登場したあとに標記された。なお旧番時代は、形式記号(キハ)の記入は省略されている。

◆1957年の改番

　1957(昭和32)年4月1日、総裁達76号により車輌称号規程の気動車の部分を改正し、形式番号を変更することになった。改番の立案当初は2軸は10代とする案もあったが、最終的にはレールバスは01～03の数字を与えられ、次のような形式番代に変更された。

・キハ10000～10003→キハ01 1～4
・キハ10004～10011→キハ01 51～58
・キハ10012～10028→キハ02 1～17
・キハ10200～10219→キハ03 1～20

◆1次車の塗り分けの変更

　1次車(試作車)の前面の塗り分けは当初は一直線

写真のキハ10000(千ヲハ)も1957(昭和32)年2月8日付の車両称号規定改正に伴いキハ01 1に改められた。　1956.10.28 大原 P：伊藤 昭

であったが、1956(昭和31)年頃までに2次車と同様に切り込みが付けられている。また、写真で見ると登場時は前照灯の上部の塗り分けが弧を描いており、前面からも屋根の青灰色がわずかに見えている。これも後に2次車と同様に改められている。

◆四国支社での改造工事

　四国にはレールバスの新製配置はなかったが、1960(昭和35)年までにキハ01 56・57・58、キハ02 1・2・6・7の7輌が転属してきて、宇和島に配置となり宇和島線(後の予土線)で使用された。これら7輌

夏の胆振線を軽快に駆け抜けるキハ01 51(札クチ)の856D。すでに形式番号は新系列となっているが、この時点ではまだ3灯化改造は施されていない。
　　　　　　　　　　　　　　　　　　　1960.8.17 脇方－京極 P：富樫俊介

名寄本線の中湧別－湧別間4.9kmは典型的な〝盲腸線〟のひとつで、レールバスにとってはまさにうってつけの活躍の場であった。湧別で発車を待つ中湧別行17Dのキハ03 3（旭エン）。　　　　　1960.4.29　P：富樫俊介

は多度津工場で次のような改造を受けている。

　まず、外観上の特徴ともなっているのが前面のバンパーである。これは自動車用のバンパーを改造して前面下部に取り付けたもので、連結時などに強く接触して連結器が破損してしまった際、車体の損傷を最低限に抑えようと考案された四国独特のもの。他にキハ55やキハ26などにも小型のバンパーが取り付けられていた。レールバスへは1960（昭和35）年5月に支社工事という形で取り付けが施工されている。このほか、側窓にカーテンが取り付けられる工事や前面に通風口を取り付ける工事も施工されている。この通風窓はキハ01の場合は形式番号の左下に、キハ02の場合は形式番号の右横に設けられている。また、始動発電機を6馬力から7馬力にする工事なども実施されている。

◆北海道支社での3灯化工事

　北海道用のキハ03の中には、降雪時に前方の視界を確保するため、前面の尾灯掛の付近にシールドビームを増設した車輛もあった。取り付けは1962（昭和37）年頃からのようであるが、取り付けた車輛の形式番号など、詳細は不明である。

◆砂マキ装置の取り付け

　一部の車輛には運転席からレールの踏面に砂が撒けるように改造したものがあった。

四国支社のレールバスは前面にバンパーを取り付けていた。写真のキハ01 56は倶知安より宇和島に移ったが、1965（昭和40）年に廃車となった。　　　　　1964.3.21　宇和島機関区　P：豊永泰太郎

宇和島線のキハ02 1。側窓にカーテンを取り付けるなど手を加えているが、車体には痛みが見受けられる。　1964.3.21　近永　P：豊永泰太郎

キハ01 4　試作車であるキハ10003を改番。この車輌は1955（昭和30）年に北海道に渡り、約1ヶ月間にわたって興浜南線で寒地試験を受けた経験がある。後位側の車体の所属標記が千ヲハウとなっているが、これは大原運輸区の略称である。　　　　　　　　　　　　　　1957.9.24　上総中野　P：伊藤威信

キハ01 54　当初はキハ10007として北見機関区に配置された。2次車は本格的な寒地装備を持たないため、4次車の到着により5輌が本州に配属したが、3輌は道内でも比較的暖地である函館に残った。ヒサシ付き前照灯や前面の角棒の取り付けに注目。　　　1965.11.8　函館機関区　P：伊藤　昭

キハ02 9　元はキハ10020として遠軽に配置された車輌だが、4次車の到着により1956(昭和31)年に直方に転属となった。写真は筑豊本線の小竹から分岐していた幸袋線で使用している姿。この路線は赤字路線の一つとして1969(昭和44)年に廃止となった。　1962.6.6　小竹　P：豊永泰太郎

キハ02 7　元はキハ10018として遠軽に配置された車輌である。いったん多治見機関区に転属となり明知線で使用され、宇和島へはキハ02 1・2・6と共に移ってきた。キハ01と同様に多度津工場で前面にバンパーと側窓にカーテンを取り付けた。　1964.3.21　宇和島機関区　P：豊永泰太郎

キハ03 1　この車輌は1956（昭和31）年に稚内に配置されて以来、主に天北線や興浜北線で使用された。同車は1966（昭和41）年7月16日付けで用途廃止となったが、旭鉄局ではローカル線活性化の立役者として保存することを決め、後に準鉄道記念物となった。　1963.7.28　北見枝幸　P：富樫俊介

キハ03 3　キハ03の中には尾灯掛けにシールドビームを取り付けて3灯化した車輌があった。また、屋根上のタイフォンカバーを開けるために引き棒とヒモを付けたものもあった。写真のキハ03 3は遠軽より名寄に転属して1966（昭和41）年7月に廃車となった。1964.9.11　遠別　P：豊永泰太郎

キユニ01 1　キハ01 55を種車とした郵便荷物車で、1962（昭和37）年9月に後藤工場で施工された。車内は腰掛を撤去して前位側を郵便室、後位側を荷物室とした。浜田に配置となり山陰本線や三江北線で活躍したが、1967（昭和42）年1月に廃車。　　1964.9.10　石見江津　P：豊永泰太郎

◆郵便荷物車への改造

　レールバスでただ1輛だけ、改造により形式が変更となった車輛がある。これは木次に配置されていたキハ01 55を種車としたキユニ01 1で、1962（昭和37）年9月に後藤工場で施工された。改造内容は車内を半分に仕切って、前位側を郵便室、後位側を荷物室とし、荷物室に保護棒を付け郵便室には区分棚と窓にはカーテンが取り付けられた。改造後は浜田に配置され、山陰本線の浜田－石見江津（現江津）間、三江北線の石見江津－浜原間で使用された。

キユニ01 1の側面　カーテンの引かれている部分が郵便室で、中央部には区分棚が設けられている。1964.9.10　石見江津　P：豊永泰太郎

◆塗色の変更

　塗色はクリーム色4号と赤2号がオリジナルカラーであるが、1963（昭和38）年頃から、腰板部と幕板部の赤2号を朱色4号へと変更した車輛があった。

◆ATS-Sの取り付け

　レールバスのうち昭和41年度以降も使用する車輛についてはATS－S形の取り付けを行っている。

肩身の狭くなったレールバス

　レールバスの車輪は軽量化と車高を低くすることを目的として、削リ代をほとんど設けていない。このため、踏面に高周波による焼入を行った圧延車輪が用いられた。ところが、使用を開始してから踏面剥離が発生し、乗り心地が低下していた。製造元の住友金属工業で調査した結果、1956（昭和31）年6月に遠軽から多治見に転属し、明知線で使用されていたキハ021～7の全てにスキッドに起因して発生すると思われる疵（きず）が入っていた。使用する上では問題はないものの、旅客サービス上も好ましくないため、引き続き調査が行われた。その結果、この疵は北海道で出来たものであることが判った。

　北海道の－20℃前後の酷寒状態では、レールが折損

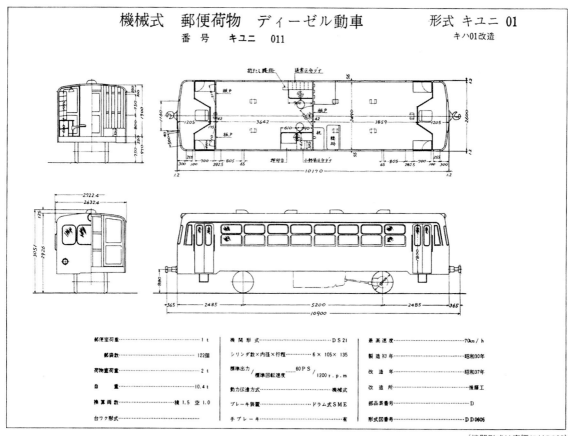

機械式　郵便荷物　ディーゼル動車

番号　キユニ　011

形式 キユニ 01
キハ01改造

郵便室荷重	1 t	機関形式	DS 21	最高速度	70km／h
郵袋数	122個	シリンダ数×内径×行程	6×105×135	製造初年	昭和30年
荷物室荷重	2 t	標準出力／標準回転速度	60PS／1200r.p.m	改造年	昭和37年
自重	10.4 t	動力伝達方式	機械式	改造所	後藤工
換算両数	積 1.5 空 1.0	ブレーキ装置	ドラム式SME	部品表番号	D
台ワク形式		手ブレーキ	有	形式図番号	D D 0606

（機関形式は実際にはDS22）

するほど自然条件は厳しい。また、農家で飼われている羊が線路を歩いたり、子供による置き石などにより非常制動をかける機会が多かった。それに加えて、各列車の定員がほとんど超過で運転されていた。北見や遠軽では朝夕のラッシュ時に、定員60名のところに170～180名もの旅客が積み込まれ、ブレーキも酷使されていたのである。これには東京から調査に来た係員も驚いたそうだ。

▲キハ03の簡易自動連結器とジャンパ連結器回り。簡易自動連結器はレールバス全形式に共通のものである。　　1998.6.28　P：岡田誠一
▶キハ21 13と2連で待機するキハ03 3。一般気動車と並ぶレールバスの小ささが異様なほどに際だってくる。写真のキハ03 3はシールドビーム増設による3灯化改造施工車。1963.9.11　幌延　P：豊永泰太郎

さらに調査を続けたところ、遠軽に配置された新車のキハ03には剝離はあまり起きておらず、キハ01や02に多いことも判った。これは新製配置直後の訓練運転によって発生したものが含まれているようであった。

結局のところ、スキッドの発生を抑えるために特別な車輪を作ることはせず、非常制動を極力かけないようにすること、遠方より笛を鳴らすこと、最後はやはり運転士の技量に頼るしかなかった。

レールバスの評判がよくなかった原因は、2軸車独特の〝ドンドン〟と突き上げるような振動のほか、こうした踏面の疵により常にガタガタと車体が響き、話しもできないほどの騒音が発生したことも要因だったようだ。さらに定員超過により積み残しを出す点は各地で問題となり、車輌自体の老朽化も進んだことで、レールバスの肩身は次第に狭くなっていった。

キハ03 6 遠軽機関区に配置の同車は踏切事故の犠牲となった。車体の復旧が困難と判断されたことで廃車された。　　写真所蔵：真辺正雄

廃車について

◆事故によるもの

事故による廃車は3輌あった。最初は遠軽に配置されていたキハ03 6で、踏切障害により車体の損傷が激しく、1958（昭和33）年5月1日付けで廃車となった。次は標茶に配置されていたキハ03 18で、これは区内で

の火災によるものらしいが詳細は不明である。こちらは1959（昭和34）年2月21日付けで廃車となっている。続いては勝浦に配置されていたキハ01 1で、踏切障害により昭和35年3月31日付けで廃車となっている。なお、この代替車としてキハ01 53が名寄より勝浦へと転属されている。

◆老朽によるもの

レールバスは元々耐用年数を犠牲にして製造されていたこともあって、登場してからわずか9年目の

キハ02 13とキハ02 12　1956（昭和31）年から三江南線で使用されてきたこの2輌も、同線延長の際にキハ20が増備されると失業した。あれほど輝いていた車体も、今ではすっかり色褪せている。キハ02 12にスノープロウが付いている点にも注目。　　1964.9.8　三次機関区　P：豊永泰太郎

1963（昭和38）年に1次車（試作車）が廃車となっている。続いて翌年には三江南線の延長（式敷－口羽間）により職を失った三次のキハ02が廃車となり、1965（昭和40）年までに四国（宇和島）、米子（木次）からも消えた。北海道ではATS-S形を取り付けて供用開始後も使用されていたが、1966（昭和41）年夏までにキハ22などと交代してしまった。最後に残ったのは意外にも九州で、佐々機関区に配置され、柚木線、世知原線、臼ノ浦線などで使用されていたキハ02であった。これ

らは柚木線が廃止となる1967（昭和42）年ごろに廃車となったが、キハ02 10のみは残置された。これは豊後森機関区のキハ07 41と同様に保存を目的としたものであったらしい。しかし、その目処が立たないことから後で解体されてしまった。なお、レールバスで現存しているものはキハ03 1のみである。準鉄道記念物として旭川工場（後に旭川車両センターとなり廃止）で保管されていたが、現在では小樽交通記念館に移り静態保存されている。

小樽交通記念館のキハ03 1

　1968（昭和43）年度中に国鉄線上から姿を消したレールバスであるが、キハ03 1のみは解体を免れて旭川工場で保存されることになった。1967（昭和42）年に準鉄道記念物に指定されてからは工場内の建屋の中で保管されていたが、1986（昭和61）年には北海道鉄道記念館（当時）に移設して屋外展示されることになった。その後、同館が全面改装に合わせて小樽交通記念館となった際、キハ03 1は車体の痛みなどを考慮して旧手宮機関庫内に格納され、現在に至っている。一部の部品が欠落しているものの、車体の状態は概ね良好で、とても廃車後30年以上が経過しているとは思えない程である。レールバスの特徴である走り装置やバス用のDS22機関も覗くこと

ができる。また、車内の立ち入りも可能なため、運転席に座ってシフトレバーを操作することや、バス用部品を多用した内装の観察もできる。

1998.6.28　小樽交通記念館　P：岡田誠一

車歴表

資料:吉川文夫・藤田吾郎／作成:岡田誠一

	1957年改番以前 記号番号	1957年改番以降 記号番号	落成 年月日	落成 工場	配置 落成時	配置 1957.4	配置 1959.4	配置 廃車時	改造・廃車 年月日	備考

■キハ10000形→キハ01形

	記号番号	記号番号	年月日	工場	落成時	1957.4	1959.4	廃車時	年月日	備考
試作車	キハ10000	キハ011	1954.8.26	東急	大原	大原	勝浦	勝浦	1960.3.31	事故廃車
	キハ10001	キハ012	1954.8.26	東急	大原	大原	勝浦	勝浦	1963.12.18	
	キハ10002	キハ013	1954.8.30	東急	大原	大原	勝浦	勝浦	1963.12.18	
	キハ10003	キハ014	1954.8.30	東急	大原	大原	勝浦	勝浦	1963.12.18	
2次車	キハ10004	キハ01 51	1955.8.1	東急	名寄	名寄	北見	函館	1966.3.31	
	キハ10005	キハ01 52	1955.8.1	東急	名寄	名寄	名寄	函館	1965.3.31	
	キハ10006	キハ01 53	1955.8.4	東急	名寄	名寄	稚内	勝浦	1963.12.18	
	キハ10007	キハ01 54	1955.8.4	東急	北見	北見	稚内	函館	1966.3.31	
	キハ10008	キハ01 55	1955.8.8	東急	北見	北見	北見	木次	1962.9.17	キユニ01 1に改造
	キハ10009	キハ01 56	1955.8.8	東急	北見	北見	倶知安	宇和島	1965.2.12	
	キハ10010	キハ01 57	1955.8.10	東急	北見	北見	倶知安	宇和島	1965.2.12	
	キハ10011	キハ01 58	1955.8.10	東急	北見	北見	北見	宇和島	1964.8.8	

■キハ10000形→キハ02形

	記号番号	記号番号	年月日	工場	落成時	1957.4	1959.4	廃車時	年月日	備考
3次車・寒地向	キハ10012	キハ02 1	1955.12.3	東急	遠軽	多治見	多治見	宇和島	1965.2.12	
	キハ10013	キハ02 2	1955.12.3	東急	遠軽	多治見	多治見	宇和島	1964.8.8	
	キハ10014	キハ02 3	1955.12.7	東急	遠軽	多治見	木次	木次	1965.3.31	
	キハ10015	キハ02 4	1955.12.7	東急	遠軽	多治見	木次	木次	1965.9.14	
	キハ10016	キハ02 5	1955.12.9	東急	遠軽	多治見	木次	木次	1965.9.14	
	キハ10017	キハ02 6	1955.12.9	東急	遠軽	多治見	多治見	宇和島	1964.8.8	
	キハ10018	キハ02 7	1955.12.14	東急	遠軽	多治見	多治見	宇和島	1965.2.12	
	キハ10019	キハ02 8	1955.12.14	東急	遠軽	直方	佐々	佐々	1968.10.31	
	キハ10020	キハ02 9	1955.12.20	東急	遠軽	直方	直方	佐々	1967.9.9	
	キハ10021	キハ02 10	1955.12.20	東急	遠軽	佐々	直方	佐々	1969.3.31	
	キハ10022	キハ02 11	1955.12.23	東急	遠軽	稚内	稚内	倶知安	1965.3.31	
暖地向	キハ10023	キハ02 12	1955.12.23	東急	三次	三次	三次	三次	1964.12.5	
	キハ10024	キハ02 13	1956.1.11	東急	三次	三次	三次	三次	1964.12.5	
	キハ10025	キハ02 14	1956.1.11	東急	佐々	佐々	佐々	佐々	1968.10.31	
	キハ10026	キハ02 15	1956.1.16	東急	佐々	佐々	佐々	佐々	1968.10.31	
	キハ10027	キハ02 16	1956.1.16	東急	佐々	佐々	佐々	直方	1964.6.1	
	キハ10028	キハ02 17	1956.1.16	東急	佐々	佐々	佐々	直方	1964.6.1	

■キハ10200形→キハ03形

	記号番号	記号番号	年月日	工場	落成時	1957.4	1959.4	廃車時	年月日	備考
4次車・北海道向	キハ10200	キハ03 1	1956.9.25	東急	稚内	稚内	浜頓別	稚内	1966.7.16	保存
	キハ10201	キハ03 2	1956.9.25	東急	稚内	稚内	浜頓別	稚内	1966.7.16	
	キハ10202	キハ03 3	1956.9.28	東急	遠軽	遠軽	遠軽	名寄	1966.7.16	
	キハ10203	キハ03 4	1956.9.28	東急	遠軽	遠軽	遠軽	深川	1966.7.16	
	キハ10204	キハ03 5	1956.10.5	東急	遠軽	遠軽	遠軽	遠軽	1966.7.16	
	キハ10205	キハ03 6	1956.10.5	東急	遠軽	遠軽	―	遠軽	1958.5.1	事故廃車
	キハ10206	キハ03 7	1956.10.24	東急	遠軽	遠軽	遠軽	深川	1966.7.16	
	キハ10207	キハ03 8	1956.10.24	東急	遠軽	遠軽	遠軽	遠軽	1966.7.16	
	キハ10208	キハ03 9	1956.10.16	東急	遠軽	遠軽	北見	遠軽	1966.3.31	
	キハ10209	キハ03 10	1956.10.16	東急	遠軽	遠軽	北見	遠軽	1965.9.14	
	キハ10210	キハ03 11	1956.10.19	東急	標茶	標茶	北見	釧路	1966.6.27	
	キハ10211	キハ03 12	1956.10.19	東急	標茶	標茶	北見	釧路	1966.10.27	
	キハ10212	キハ03 13	1956.10.27	東急	標茶	標茶	北見	倶知安	1965.9.14	
	キハ10213	キハ03 14	1956.10.27	東急	標茶	標茶	名寄	稚内	1966.7.16	
	キハ10214	キハ03 15	1956.10.31	東急	標茶	標茶	稚内	遠軽	1966.3.31	
	キハ10215	キハ03 16	1956.10.31	東急	標茶	標茶	稚内	稚内	1966.7.16	
	キハ10216	キハ03 17	1956.11.7	東急	標茶	標茶	稚内	遠軽	1966.7.16	
	キハ10217	キハ03 18	1956.11.7	東急	標茶	標茶	―	標茶	1959.2.21	事故廃車
	キハ10218	キハ03 19	1956.11.10	東急	標茶	標茶	斜里	斜里	1966.6.27	
	キハ10219	キハ03 20	1956.11.10	東急	標茶	標茶	斜里	斜里	1966.10.27	

■キユニ01形

	記号番号	記号番号	年月日	工場	落成時	1957.4	1959.4	廃車時	年月日	備考
	―――――	キユニ01 1	1962.9.17	後藤工	浜田			浜田	1967.1.12	キハ01 55 から改造

むすびに

レールバスの登場後、1960年代には高度成長期をむかえることになった。高校への進学率も上昇してゆき、安定した収入を求めて専業農家から兼業農家へと転向する世帯もあらわれ、地方都市においても鉄道を利用して通勤通学する旅客は増加していった。こうなってくると、小回りが利くことを身上としていたレールバスは、皮肉なことに身動きがとれなくなり、結局のところキハ20やキハ22などの標準形車輌に置換えられていった。

西ドイツのシーネンオムニバスのように、総括制御を可能としていれば、もう少し用途も広がっていたてあろうが、レールバスで事足りる程度の旅客数ならば、むしろ本物のバス輸送に転換したほうがよいとの意見も根強く、ついに後継車が登場することはなかった。

このように、フリークエントサービスの実現により旅客を誘発するなど、レールバスがローカル線の活性化に果たした役割は少なくない。しかし、標準形車輌が大勢を占める国鉄においては異端車であることは否めず、中途半端な存在のまま消え去ったことはレールファンとしては残念である。

執筆にあたり、真辺正雄氏からは貴重な資料と共に、旭鉄局におけるレールバスのエピソードをお話し頂いた。星 晃氏からは説明書などのほか、故人となられた内村守男氏がまとめられたレールバスに関するファイルを御提供して頂いた。開発の経緯や設計変更の詳細が書かれたものは皆無と思っていただけに、この資料の存在は心強かった。また、鉄道友の会東京支部客車気動車部会の会員の方々には写真をはじめ様々な参考意見を頂いた。末筆ながら御協力頂いた方々には厚くお礼申し上げる。 岡田誠一（鉄道友の会会員）

わずか10年程で消えた木原線のレールバス。軽快でリズミカルなジョイント音はもう聞けない。 写真提供：星 晃

キハ08とその一族

キハ40（左側）にキハ22が連結した姿。気動車に改造したとは言え、元は客車なので車体が大きく、重厚なつくりである。
1966.6.14　釧路　P：佐竹保雄

はじめに

客車をディーゼル動車に改造するアイディアは、国鉄部内でも何度か浮上しては消えていった。しかし、車輌の需給バランスが大きく崩れ出した1960（昭和35）年以降、4形式14輌が誕生するに至った。キハ40形とキハ45形（後のキハ08形、キハ09形）という2形式はDMH17H機関を搭載した動力車で、続いてキクハ45形、キサハ45形も加わ

った。小型軽量を身上としていた国鉄気動車の世界にあっては、食パンスタイルの威風堂々とした外観は、異色の存在と呼べるだろう。

種車が鋼体化客車であるため、その出来栄えが心配されたと言うが、辛口のファンの立場から見ても案外まとまっていると感じる。海外で活躍する武骨なディーゼル動車と比べても決してひけを

最東端の有人駅でたたずむキハ08。6月とは言えまだ肌寒い日が続く最果ての駅。貨物輸送も盛んに行われていた頃のスナップである。
1966.6 根室 P：佐竹保雄

とらない。それどころか、むしろこちらのほうが
格好よく見えてくるから不思議だ。これも当時の
国鉄設計陣のセンスの高さなのだろうか。
　今回は、これまであまりまとまった記録のなか
った国鉄の客車改造ディーゼル動車について、当
時の設計会議資料や、諸先輩方が残して下さった
写真や記録をもとに解説してゆくことにしたい。

なぜ客車をディーゼル動車に改造するのか？

　客車の気動車化は、1958（昭和33）年頃よりいろいろと検討されてきたと、『ディーゼル』誌の1960（昭和35）年9月号に書かれている。さらに同誌によれば「ことしの春、北海道支社から客車を改造して気動車にしたいという話がもちあがり、改めていろいろ検討を加えられた結果、試作車をつくってみようということに、急に話が決まったのです」とある。

　新製すればよいものを、わざわざ客車をディーゼル動車に改造する必要性はあったのか？　それは当時のディーゼル動車不足が深く影響していた。同じローカル線と呼ばれていても、ある程度の需要がある首都圏や幹線系統へ新製配置が優先され、それ以外の線区は後回しになりがちだった。特にキハ56形などの急行型が配置される以前の北海道では、車輌不足が深刻な問題であった。そこで、当時の国鉄常務理事で北海道支社長であった細川泉一郎氏は、道内向けディーゼル動車の新製費の予算が、なかなか計上されないことを解決する策として、客車のディーゼル動車化を提案した。細川氏は、工作局出身のエキスパートで、数多くの蒸気機関車の設計に携わってきた重鎮であった。氏が永年にわたり設計畑でつちかってきた技術力の裏付けがあってこそ、独自のアイディアが生まれたのだろう。

1960（昭和35）年度の気動車事情

　1953（昭和28）年度にキハ17形の量産がはじまると、国鉄のディーゼル化は急加速していった。1951（昭和26）年度にはわずか4輌であった液体式ディーゼル動車は、ついに1960（昭和35）年度には2000輌を越え、念願だった特急型（はつかり型）も完成するに至った。この勢いは止まることを知らず、各地の非電化線区への投入希望も極めて旺盛となった。毎年200〜300輌を新製しても熱烈な要請に応えることはできず、ついに

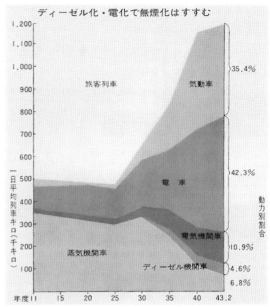

気動車は昭和28年度にキハ45000（後のキハ17）形が完成すると、爆発的と言えるほど増備が行われた。『すすむ動力近代化　気動車5000両に達す』（日本国有鉄道発行パンフレット）より

1960（昭和35）年度の年間製造輌数は500輌を突破した。

　しかし、人件費の増加により国鉄の収支は悪化しており、首都圏などでの通勤対策や、東海道新幹線の建設などの投資額も相当にのぼり、ディーゼル動車への投資は限られたものとなっていた。

　そこで、窮余の策として提案されたのが先の「現有客車の気動車化」であった。このテーマについては過去においても検討されたが、今回改めて改造費、経済性、長期計画についての諸問題を洗い出し、実現の可能性を探ることにした。

　ちなみにこれまでに検討した概要は次のとおりである。

(1) 種車の台車などを改造して使用するのではなく、新製したとすると、片運転台車の場合は約1200万円の改造費がかかる。機関を搭載しないディーゼル制御車

ディーゼル動車輌数表（昭和26〜35年度）

伸びゆくディーゼルカー（日本鉄道車輌工業協会　1961年10月）より

年度	液体式（輌）			電気式（輌）	歯車式（輌）		付随車（輌）	貨物動車（輌）	計（輌）	ディーゼルカー運転区間（km）	ディーゼルカー（km）
	特急	急行準急	一般		一般	レールバス					
昭26					166		6		172	1,527.3	6,634
昭27			4	30	198		6		238	1,713.4	10,555
昭28			224	30	198		6		458	3,057.3	15,664
昭29			326	30	198	4	6		564	4,668.0	36,605
昭30			526	25	198	29	7		785	6,634.4	55,276
昭31		5	747	15	197	49	7		1020	9,274.9	81,616
昭32		46	987		185	49	7		1274	10,758.5	105,728
昭33		171	1150		164	47	11		1543	12,736.2	137,110
昭34		269	1315		147	46	11	2	1790	15,231.9	171,292
昭35	26	511	1494		137	46	11	2	2227	17,304.5	232,599

キハ40 3。キハ40 1に遅れること約2年、1962（昭和37）年に改造された両運転台車である。主に釧路〜根室間で使用されたが、1971（昭和46）年に廃車となった。客車改造ディーゼル動車は最長でも10年、最短では3年で消えてしまった。

P：鈴木靖人

（片運転台車のキクハ）への改造の際は約200万円の改造費が見込まれる。しかし、これをけん引する場合は2台機関搭載車が必要となる。

（2）機関搭載により約9トンの重量が増加するため、一般型ディーゼル動車と比べると快速性が劣る。

（3）新製ディーゼル動車は約1,600万円で400万円程度安くなるが、これぐらいの差ならば手戻りの大きい投資ともみられる。また、現用客車をディーゼル動車化する場合と、ディーゼル機関車を新製する場合を比べると、5輛編成以上の場合は不利で、3輛編成以下の場合は有利とみることができる。さらに、制御気動車化（キクハ化）を行なってキハ55形と組み合せる方法もあるが、車内のサービス設備の格差、外観の不体裁

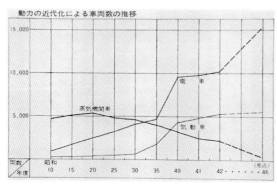

動力化の近代化は、1960年代に入ると更に加速してゆき、気動車もその歩調に合わせて在籍数を延ばした。『すすむ動力近代化　気動車5000両に達す』（日本国有鉄道発行パンフレット）より

の問題が残る。

（4）国鉄の新長期計画により、将来の客車列車が受け持つ分野と、適正な廃車基準による残存客車を照合すると、客車を気動車化できる"種車"は多くは望めないと予想される。

上記は1960（昭和35）年3月10日に工作局の会議で、「ディーゼル客車の検討」というタイトルの冊子に基づき検討されたものである。さらに同月には一歩踏み込んで精査した内容が、「客車の気動車化改造について」という冊子にまとめられた。

これには、客車をディーゼル動車化する際、1台機関搭載の動力車（キハ）とするのか、または機関なしの制御車（キクハ）か付随車（キサハ）とするのかが検討された。その際、運転室の種類（両、片、無）、オハ62形を種車とする場合、スハ42形を種車とする場合を比較している。

1、動力車（キハ）とする場合

（1）機関はDMH17H（180PS／1500rpm）を1台搭載する。横型機関なので車体改造部分は少なくできる。

（2）変速装置は液体式として一般型ディーゼル動車と総括制御運転を可能とする。

（3）安治川口駅構内におけるキハ42000形の火災事故を教訓として、床下全面に鋼体を張り、機関取付部付近の根太は鉄根太とする。

（4）台車は機関やその他の動力装置の重量増に伴って

表1　当初計画による改造費

種類	オハ62形を種車とした場合	スハ42形を種車とした場合
両運転台（キハ）	1,224万円	1,269万円
片運転台（キハ）	1,148万円	1,194万円
運転台なし（キハ）	1,069万円	1,110万円
機関なし片運転台（キクハ）	174万円	199万円
機関なし運転台なし（キサハ）	82万円	107万円

表2　当時の客車とディーゼル動車新製費

形式	単価	形式	単価
キハ20	1,580万円	キハ22	1,620万円
キハ25	1,520万円	キハ26	1,620万円
キロ25	1,820万円	キハ55	2,050万円
ナハ11	1,060万円	ナロ10	1,360万円

強度が不足するのでディーゼル動車用台車と取替える。

(5) A制御弁や附加補助空気ダメなどは、現用で間に合うものはできるだけそれらを使用する。

(6) 客車暖房装置は現在の蒸気暖房用配管内に、機関冷却水を循環させる方式として改造部分を極力少なくする。

(7) 車体及び台枠はできるだけ現状の姿を崩さないようにする。特に出入台の位置を変更することは多額の改造費を要し、かつ車体強度上も好ましくないので、運転室を取付ける場合は現在の車体の端に張り出し形（オーバーハング形）とする。

(8) 自動連結器は運転台付きのものは現用のものを首振り式に改造する。

2、制御車（キクハ）又は付随車（キサハ）とする場合

(1) 一般型ディーゼル動車と総括制御運転をするために引通し線を取付ける。

(2) 台車は特にディーゼル動車用として改造しない。

(3) 暖房装置はウェバスト方式暖房装置を取付ける。

以上の仕様で各々の車種を改造した際の改造費は表1のようになった。

検討した結果、スハ42形を改造した際はオハ62形よりも台ワクと配線配管の改造手数がかかるため若干工事費が増加する。なお、当時の客車とディーゼル動車の新製費を参考まで表2に記す。

3、加速力曲線について

客車改造ディーゼル動車の加速力曲線を示す計算するのに必要な、重量見積り表は表3のとおりである。これはディーゼル動車の部品別重量表に読みかえることができ、DMH17系搭載車を研究される方の参考となると思われる。

改造費の積算内容

（1）動車客車

a、運転室有無に関係なく必要なもの

イ、材料費	円
1、機関　DMH17H	1,700,000
2、液体変速機	811,700
3、逆転機	332,900
4、動力伝達装置	121,100
5、機関附属品及び機関部取付装置	64,960
6、燃料油、潤滑油、変速機油系部品	143,700
7、排気、及び冷却水装置（放熱器組立を含む）	321,200
8、電気装置（運転室の有無に関係あるものを除く）	747,770
9、空制品（運転室の有無に関係あるものを除く）	275,630
10、耐寒装置	376,000
11、バルブ、コック類	111,300
12、管、電線、管支之類	464,410
13、塗料	44,000
14、その他雑品	164,600
15、台枠下面鋼板張り（床板も含む）	340,000
小計（A）	6,019,270

ロ、工費	人工
1、動力装置関係取付	20
2、機関吊り装置製作	11
3、燃料タンク取付	3
4、各油管製作取付	41
5、排気及び冷却水装置	39
6、制御装置	35
7、逆転機制御装置	8
8、空気ブレーキ装置	32
9、電気装置	35
10、耐寒装置	60
11、台枠防火設備	100
12、車体塗粧	20
13、基礎ブレーキ装置	2
小計	406
乗率3800円×406＝152万円	

ハ、計

以上総計754万円となる。

b、運転室の有無によるもの

イ、材料費	円
	片運転室
1、車体	82,560
2、電気機器及び設備	389,820
3、手ブレーキ	30,000
小計	502,380

ロ、工費	85人工323,000

（2）制御客車

a、運転室有無に関係なく必要なもの

イ、材料費	円
1、引通し線関係（含ジャンパー線）	350,000
2、ウエバスト暖房器その他	250,000
3、塗料他雑品	50,000
小計	650,000

ロ、工費	人工
1、引通し線関係	25人工
2、ウエバスト暖房器取付	25人工
3、車体塗粧	20人工
計	70人工
3800円×70＝26.6万円	

b、運転室の有無によるもの

（1）項と同じ

ディーゼル客車の2輌編成各種の加速力曲線

編成	形式	機関	減速比	重量 改造前の自重	ディーゼル化による重量増	自重	水油	定員 人	定員 重量	計	こう配均衡速度 KM/h 10/100	15/100	20/100	25/100
オハ62動車	オハ62動車	DMH17H×1	2,976	31 t	8.9 t	39.9 t	1.22 t	96	4.8	45.9 t 81.5	51	42	34	27
キハ25	キハ25	DMH17C×1	〃	—	—	30	1.22	88	4.4	35.6				
オハ62制御車	オハ62制御車	—		31 t	1.5 t	32.5	1.42	96	4.8	38.7 81	51	42	34	27
キハ52	キハ52	DMH17C×2	〃	—	—	36	1.88	88	4.4	42.3				
オハ62動車×2	オハ62動車	DMH17H×2	〃	31 t	8.9 t	39.9	1.22	96	4.8	91.8	48	38	30	23
キハ25×2	キハ25	DMH17C×2	〃	—	—	30	1.22	88	4.4	71.2	54	45	38	32

註○ オハ62動車、オハ62制御車共片側運転室とし、オハ62制御車は制御装置のみを
有するものとした。

○ DMH17C, DMH17Hはいずれも、180ps/1500r.p.m

○ 動輪経は820mm

加速力（Kg/t）及びこう配（0/00）

キハ25×2
オハ62（制）＋キハ52
オハ62（動）＋キハ25
オハ62（動）×2

速度（KM/h）

『客車の気動車化改造について』(日本国有鉄道工作局)より

表3　オハ62ディーゼル動車化後の重量見積り表

名称	見積もり重量(kg) 片運転台	両運転台
180psディーゼル機関	1,400	1,400
液体変速機	560	560
逆転機	484	484
機関取付装置	100	100
運転室車体	900	1,800
電気装置	1,233	1,400
台枠機器配置	300	300
運転室機器配置	90	180
手ブレーキ	120	120
空気配置	736	860
冷却水装置	736	736
燃料油管装置	68	68
潤滑油管装置	59	59
液体変速機油管装置	100	100
機関及び制御空気管装置	20	20
逆転機制御空気管装置	20	20
耐寒装置	620	740
台車交換による重量差	1,000	1,000
床下鋼板	350	350
小計	8,896	10,297
改造前の自重	31,000	
定員重量	96人 4,800	
接客用水	550	
冷却用水	350	
燃料潤滑油	320	
小計	37,020	
空車重量	39.90 t	
積重量（定員）	45.92 t	

4、経済性の検討

　加速曲線を見た結果では一般車とそれほど遜色はないことがわかったが、動力車とした場合は改造費が高価になるため、経済性についても検討が行なわれた。改造費の1,200万円は、キハ26形の新製費である1,620万円と比べると420万円安くなり、現有財産の有効利用方策とも考える。しかし、新製車と比べて420万円しか差がないのは手戻リが大きい投資である。さらに現在使用中の客車を、蒸気機関車から新製ディーゼル機関車に置き換えてけん引した場合についても、検討する必要があった。ちなみにDF50形は6,800万円、DD13形は3,800万円の新製費を要すが、客車には一切改造を加えなくてよい点は魅力でもある。しかし、折り返し駅での機回し作業が必要で、運用効率が低下することも考慮しなければならない。また、スハ42形をキハ化またはキクハ化してキハ55形又はキハ26形でけん引する方式についても検討した。これらを総合的に比較すると表4のとおりとなる。

5、客車長期計画との関連

　客車をディーゼル動車化する際に必要となってくるのが、種車をどれだけ供給できるかという点である。国鉄の長期計画（第二次試案～昭和34年12月）によれば

表4　車種別経済性比較

	編　成	追加投資額	年間経費
A	DF50形＋スハ42形7輌	6,800万円	1,250万円
B	客車改造ディーゼル動車7輌	8,400万円	1,300万円
C	DD13形＋スハ42形4輌	3,800万円	780万円
D	客車改造ディーゼル動車4輌	4,800万円	750万円
E	キハ55形(1輌)＋スハ42形改造(キクハ)1輌	2,250万円	250万円
F	キハ26形(1輌)＋スハ42形改造(キクハ)1輌	2,800万円	290万円

表5　国鉄の輸送量

輸送量	昭和33年度実績	昭和50年度想定
旅客(億人キロ)	1062	1900
貨物(億トンキロ)	453	780

　1975（昭和50）年度における国鉄の輸送量は表5のように想定していた。

　この想定輸送量に基づいてはじき出された旅客車の所要輌数は表6のとおりとなった。ちなみに電化区間での電車化率は70％として計算している。

　前記の長期計画では約6800輌の客車が必要とされたが、新長期計画では1975（昭和50年）年度においては客車7506輌が残存するとされ、そのうち実際に必要な所要輌数を7238輌とした。この場合、一部を除き1960（昭和35）年度以降は客車の新製補充をしないということを原則とした。荷物車については所要輌数を1750輌とし、優等車は1000輌と算出して、不足分は3

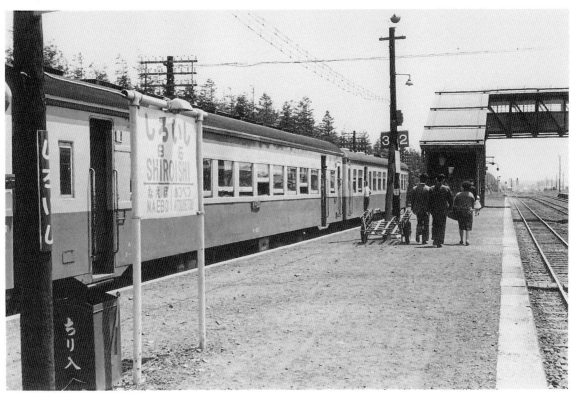

札幌近郊で使用されるキハ40 1。札幌から3つ目の白石は今ではベットタウンになっているが、当時はホームは砂利敷きで、跨線橋も木製の簡素なものだった。電柱に横たわるリヤカーもローカルムードを演出している。　　　　　　　　　1966.6.18 白石　P：佐竹保雄

表6　旅客車の所要輌数

車　種		昭和35年度実輌数	昭和50年度想定輌数
客車	旅客用	9636	5092
	荷物用	1381	1746
	計	11017	6838
電車	近距離用	3096	5652
	遠距離用	1088	8974
	計	4184	14626
気動車		1782	5024
総　数		16983	26488

表7　昭和50年度に残存予定の3等客車内訳

ナハ10形などの軽量客車（オハ36形含む）	300輌
スハ43形など昭和26年以降の新製客車	1370輌
オハ35形など昭和14年以降の新製客車	1250輌
オハ61形など鋼体化改造客車	1380輌
合　計	4300輌

等車を改造するとしている。参考までに残存する3等車の内訳を示すと表7のとおりである。

　1975（昭和50）年度では、ナハ10形やスハ43形が動力方式の異なる区間の直行列車として使用され、オハ35形や鋼体化客車はそれらの一部と通勤列車用として残ると想定した。これに優等車1000輌（A寝台車やグリーン車などを示す）や前述した荷物車1750輌、事業用車などを含めると7238輌の客車が必要となるため、結論としては客車のディーゼル動車化に必要な種車は多く望めないと考えられた。

客車用の台車をそのまま使用する計画

　台車については改造費の30%を占めるため、客車用の台車を改造して使用する検討がなされた。強度の問題から、10t車軸のTR11を使用することは、はじめから論外とされたが、オハ35形のTR34、スハ42形のTR40、スハ43形のTR47については、そのまま用いることも考えられた。結果として動台車はDT22A、従台車はTR23を改造、またはTR51を新製することとなり、これらの3台車の転用は行なわれなかった。しかし、台車の各種データを知る上で、興味のわく部分であるので記することにしたい（表8参照）。なお、このデータは1960（昭和35）年3月18日に臨時車両設計事務所で検討されたものである。

①使用可能なる台車

　客車改造ディーゼル動車用として、使用可能な12t車軸を用いる台車は次の3つである。

客車形式	台車形式	使用車軸
1、オハ35形など	TR34	12t長軸（VC4133）
2、スハ42形など	TR40	〃
3、スハ43形など	TR47	〃

キハ45 1（左側）とキハ22形が連結した姿。本来、客車と気動車ではステップの高さが違うが、台車を改造するなどして極力同じ高さになるように調整している。　　　　　　　　　　苗穂　P：笹木健次

表8　客車用台車をディーゼル動車用に転用した場合の比較

客車形式 （台車形式）	改造前の重量 （自重）	乗客	ディーゼル化 後の重量	軸上重量	1軸重の 荷重
オハ35形 （TR34）	32t	空車	45.6t	41.1t	10.2t
		300名乗車	56.2t	51.7t	12.9t
スハ42形 （TR40）	33t	空車	46.6t	42.1t	10.5t
		300名乗車	57.2t	52.7t	13.2t
スハ43形 （TR47）	34t	空車	47.6t	43.1t	10.8t
		300名乗車	58.2t	53.7t	13.4t

②車軸の強度

　車軸の強度について、片運転台車用として軸上荷重を計算すると表8のようになる。

　つまり、300名が乗車した場合はいずれの場合でも最大許容荷重（12t）をオーバーする。したがって、従軸はそのままとしても、駆動軸は取換えを要し、駆動車輪は一体圧延車輪とすべきである。

③台車ワクの強度

　3台車とも今までの使用状態からそのまま使用可能と思われる。

④逆転機の取付け

　3台車とも端バリおよび横バリの改造により取付け可能である。

⑤基礎ブレーキ装置およびブレーキシリンダ

　逆転機取付けのため基礎ブレーキの改造を要する。

ただし、TR47はブレーキ引棒が電車式に左右に分かれているので比較的容易に改造できる。

ブレーキシリンダは〝1車輌1シリンダ〟を〝1台車1シリンダ〟に改造したほうがよい。前者では押棒や引棒が無理な設計となり、単車運転の際に引棒が切損した場合はブレーキが全く効かないという不安が残る。

⑥軸バネと枕バネについて

300名が乗車した際は、TR40のみぎりぎりで合格するが、他の台車はバネが全圧縮するものばかりで、かたいものに取替えを要する。

以上のように一部の部品を取替えをして、定員300名以内の乗車制限を行なえば、TR23、TR34、TR47を使用することができるとされた。

具体的な改造のスタート

客車のディーゼル動車化は、1960（昭和35）年度の工作局の基本計画のひとつとされた。改造工事は苗穂工場で施工することにして、とりあえず3輌を試作して歌志内線で使用することになっていた。工事をすすめる上での問題点や、当初の計画からの変更点は、1960（昭和35）年8月18日付けの工作局車両課の資料によれば次のとおりである。

▲キハ40 3の後位側妻面。乗務員室扉は無く背面には便所が隣り合っていた。
1963.10.21　釧路　P：佐竹保雄
▶ （次頁）キクハ45 1の運転台。パイプで仕切られた開放タイプ。
P：鈴木靖人

I、改造工事の概要

・オハ62形1輌を両運転台車に改造する。
・オハフ62形2輌を片運転台車に改造する。
・機関は〈くはつかり〉型で使用した横型のDMH17Hを1台搭載する。液体変速機はDF115Aとする。送風機、冷却装置、動力伝達装置、逆転機などは気動車用の標準品を使用する。連結装置、暖房装置も種車のものを改造することはせず、密着小型自動連結器、温水式暖房装置を取り付ける。冷却水タンクは台ワクの中央部に納まるように新製した。充電発電機は冬季の充電不足を考慮して2.5kVAのものを取り付けた。空気圧縮機はC600形を機関に直結させた。
・ブレーキ装置はDA1A形であるが、自重が38トン近くになるためブレーキ倍率を9.6とした。
・当初の計画にあった、運転室の張り出し方式オーバーハング案は止めて、原形を崩さないものとした。すなわち両運転台車の場合は出入台、片運転台車の場合は車掌室を運転台とする。前者の場合は出入台を移設する。
・台車は動台車のみDT22Aを新製し、従台車はTR23（予備品）を使用する。
・車内設備はなるべく現状のままとする。ただし腰掛の背受にはモケットを張りつける。
・空気管と電線管の配管は、台ワクに孔あけして通すことは極力避けて、床板と台ワクの隙間に納めた。
・工事費は、従台車をTR23（予備品）でまかなうことにより安くなり、表9のとおりとなる。

なお、本文のむすびとして次のようなことが書かれている。「今回は従台車のみ客車のものを流用したが、動台車も客車用を改造することができれば、さらに改造費が約150万円安くおさえられる。改造費が700～800万円で収まれば、平坦区間のローカル用として相当期待できる」とむすばれている。

このほか、北海道支社の計画ではDMH17Hではなく、バス用の150PSクラスの機関を2台搭載する案も検討された。これはコストダウンを図ることと、動軸を2軸として粘着を高め、降雪時の空転を防ぐ目的もあったようだ。たて形のバス用エンジンでは台枠下部に納まらず搭載できないので、日野製のアンダーフロアタイプを搭載するつもりであった。しかし、保守担当者の養成や保守部品の確保が必要となってくる、かと言って市中の販売店や国鉄バスの営業所に委託させ

表9　最終的な工事費（見積）

形式	人工	工費	材料費	合計
両運転台車	341	149万円	817万円	966万円
片運転台車	237	103万円	769万円	872万円

る訳にはゆかず、結局この案は廃案となり、標準型の DMH17H に落ち着くことになる。また、変速装置も安価な機械式を検討したが、総括制御ありきの方針となり、こちらもDF115A形またはTC2A形を搭載することになった。

従台車となったTR23の出自

　キハ40 1、キハ45 2、キハ45 3の従台車には、製作コストを下げるため客車用のTR23が使用された。動台車は1960（昭和35）年製のDT22Aであるが、従台車は戦前製のTR23改という、歳の差20年の夫婦のようなチグハグ感がおもしろい。

　さて、資料には事業用客車のTR23を改造してTR23改にしたとある。上心皿取付部の改造と、軸バネと枕バネを電車用に交換したが、これにより上ユレマクラ

の高さが上昇してブレーキ棒と当たるので、ブレーキテコの交換も行った。ところで、ファンとしては何形のTR23を転用したのかという点が、改造当時から話題になっていた。今回の執筆に際して、キハ40形に関する資料提供をお願いしていた富樫俊介氏より、台車について興味深いお話を伺ったので披露したい。

　富樫氏がちょうどキハ40形の改造途中に苗穂工場を訪れたところ、スハニ31 41と44が入場していた。聞くところによればこの2輌は配給車のオル32 102、103になるのだと言う。その際にキハ40 1、キハ45 1の種車となるオハ62 2、オハフ62 5から捻出したTR11をはかせるとの事であった。つまり、キハ40 1、キハ45 1、キハ45 2のTR23改は、元はスハニ31 41、44がはいていたTR23なのである。ベテランファン富樫氏の記録があればこそ、長年の謎が解決できた訳で、ファンのひとりとして感謝する次第である。

キハ45 2がはくTR23改。元はスハニ31形がはいていたTR23で、上心皿取付部、軸バネ、枕バネ、ブレーキテコを改造している。

1961.1.6　苗穂　P：富樫俊介

キハ45 2がはくDT22A。こちらは新製した台車である。加悦SL広場に残るキハ08 3は、札幌泰和車輌の銘板（製造番号4）がついている。おそらくキハ08 1なども泰和車輌で製作されたDT22Aの可能性がある。

1961.1.6　苗穂　P：富樫俊介

キハ45 1。改造されて間もないため、美しい姿である。雪晴れで足回りの状態も反射光を受けてよく分かる。　　　　1961.1.6　苗穂　P：富樫俊介

DT22について

　キハ40形、キハ45形の動台車にはDT22Aが使用されている。このDT22シリーズはディーゼル動車用としてベストセラーとなった台車で、1957（昭和32）年から1981（昭和56）年頃までの間に、海外向けも含めると約5000輌分近くも製造された。外観上は電車用のDT21とほとんど同じに見えるこの台車も、実はディーゼル動車用としてのかくれた機構があるので少々記してみたい。

　戦後のディーゼル動車用の台車の嚆矢はDT18であった。電気式のキハ44000形がはいたもので、枕バネ部分は防振ゴムのみを用い、積空のたわみを全て軸バネで受け持つ方式である。つりあいバリの部分が馬のクラに似ていることから「クラ形台車」とも呼ばれる。軽量で製作費が安いことに特徴があった。DT18はカルダン駆動用であるが、DT19からは液体式用としての改良が行なわれ、キハ44500形以降の車輌が履いた。いずれの台車もディーゼル動車用としての条件を満たしていたが、ブレーキ時の振動がダイレクトに伝わり、激しいピッチング（上下動）が発生した。また、つりあいバリの軸箱上にある湾曲部と、ゆれマクラ吊りを通している穴の回りに亀裂が生じることがあり、改修

会議でも度々問題となっていた。

　このため、電車用として安定してきたDT21を、ディーゼル動車用として設計変更することになった。当初は、軸バネと枕バネの変更、逆転機取付け部の変更のみで進めた。だが、ディーゼル動車の場合は単行運転も多く、車体と台車の間に渡してあるブレーキ管のゴムホースが切損した場合は、ノーブレーキとなる不安が残った。そこで、台車ではなく台ワクにブレーキシリンダを取付け、台車のブレーキてこを引棒で引くスタイルとした。しかし、ブレーキ引棒が台車下部を通るので、下ゆれマクラを左右に通すことはできなくり、下ゆれマクラを左右に分割した形にした。なお、上ゆれマクラとマクラバリはDT21よりも高い位置としている。軸受やブレーキ装置はDT19のもの、各種すり板はDT21のものと全く同じである。これは予備品を極力作らないためであった。

　このようにして誕生したDT22は、まずキロハ25で試作タイプを試用し、揺れマクラバネを改良したのち量産が開始された。その後、工作の容易化と低価格を図ったDT22A（TR51A）、輪座径などを変更したDT22C（TR51B）、キハ40系用のDT22D（TR51C）、廃車発生品を整備したDT22E（TR51D）、と続き、今もなお多くのディーゼル動車で使用されている。

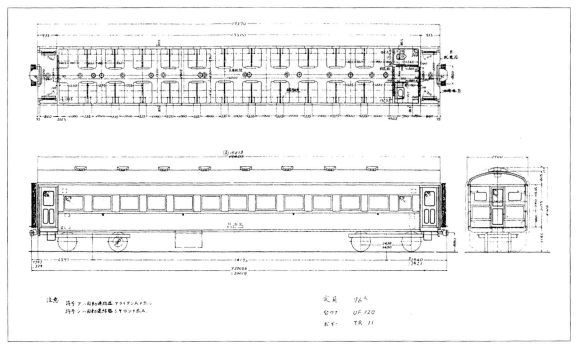

キハ40形の種車であるオハ62形の形式図。

液体式　2等　ディーゼル動車　形式 キハ 40

番号　キハ　401～403

オハ62改造

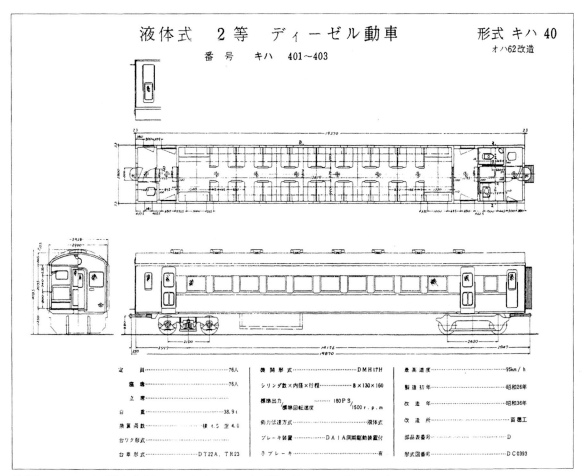

定　　員	76人	機 関 形 式	DMH17H	最 高 速 度	95km／h
座　　席	76人	シリンダ数×内径×行程	8×130×160	製 造 初 年	昭和26年
立　　席		標準出力 標準回転速度	180PS／1500r.p.m	改 造 年	昭和36年
自　　重	38.9t	動力伝達方式	液体式	改 造 所	苗穂工
換算両数 積4.5 空4.0		ブレーキ装置	DA1A同期駆動装置付	部品表番号	D
台ワク形式	UF120	手ブレーキ	有	形式図番号	DC0393
台 車 形 式	DT22A，TR23				

形式図では、キハ40形の従台車が3輛ともTR23改となっているが、実際にはキハ40 2、3はTR51Aである。

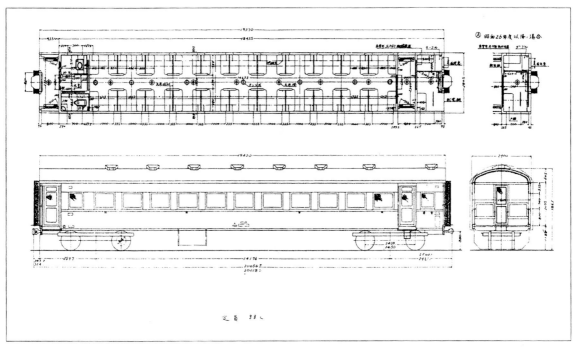

キハ45形の種車であるオハフ62形の形式図。

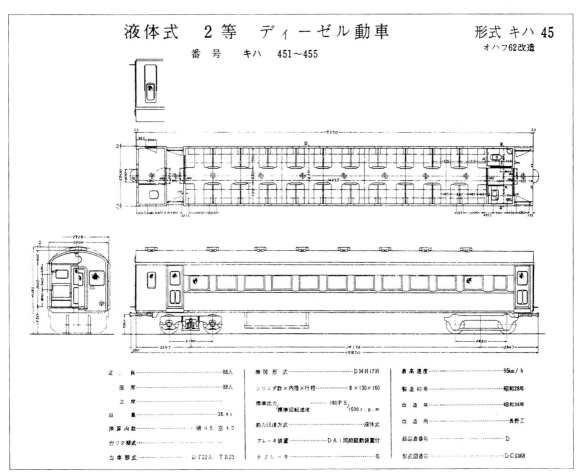

液体式　2等　ディーゼル動車

番号　キハ　451～455

形式 キハ **45**

オハフ62改造

定　員	88人	機関形式	DMH17H	最高速度	95km/h
座　席	88人	シリンダ数×内径×行程	8×130×160	製造初年	昭和28年
立　席		標準出力／標準回転速度	180PS／1500r.p.m	改造年	昭和36年
自　重	38.4t			改造所	長野工
換算両数	積4.5 空4.0	動力伝達方式	液体式	部品表番号	D
台ワク形式		ブレーキ装置	DA1同期起動装置付	形式図番号	DC0368
台車形式	DT22A TR23	手ブレーキ	有		

形式図では、キハ45形の従台車が全てTR23改となっているが、キハ45 3～はTR51Aである。

キハ40 1の完成

　キハ40形とキハ45形は、苗穂工場が主体となって設計がはじめられた。残念ながら当時の組立図などは残されていないが、様々な記録が入手できたので、それに沿って解説をすすめたい。まずキハ40形については当初のオーバーハング案をやめ、出入台を移設した構造としたことで、大きく設計変更が行なわれている。特に前面窓は当初案よりもひと回り小型化されている。これは隅柱を改造する手間をさけるためと、ギ装の関係からと思われ、後に登場するキクハ45 2、3でも同じような小窓で登場している。また、キハ40 1のみ前面の窓下部の横方向にリブが入っている。これは苗穂工場で鋼体化改造された客車の特徴でもある。他のキハ45形の後位側にも、リブが残っているものがあるかもしれないので、今後の写真発掘に期待したい。なお、前述したようにオーバーハング型をやめて、前位側は車掌室を運転室に転用して、後位側は便所と洗面所はそのまま残し、元の出入台を運転室として、客室との間に出入台を設けている。キハ40形、キハ45形ともに機関の取付けによる車輌限界の抵触をさけるため、床面高さが客車時代の1185mmから1250mmと65mm上昇している。このためステップの1段目が車体の裾より下がっている。

　ギ装などについては当時量産されていたキハ22形に準じたものとされ、『ディーゼル』誌1961（昭和36）年1月号に掲載された写真からもそれとわかる。排気管

は屋根上に立ち上げることはせず、旧型気動車のように床下で排気する方式となっている点に注意したい。

　正に手さぐりの方法ですすめられた工事は1960（昭和35）年12月28日に完成した。鉄道公報ではキハ45 1、2も同日に完成したことになっているが、実際にはキハ40 1は11月末に完成して各種試験やお披露目をしていたようである。

性能試験の実施

　ついに完成したキハ40 1は1960（昭和35）年12月30日に性能試験が実施された。試験区間は千歳線の苗穂～千歳間であった。当時の千歳線はまだローカル線のイメージが残っており、メインルートではなかった。函館からのアクセスもまだ小樽経由の山線が主体であった。このため、線路容量にも余裕があり、各種の試験運転に使用されることも多かったようだ。

　試験の結果は公式のものも残されているが、『鉄道ピクトリアル』に「キハ40 1誕生す」というタイトルで、当時北海道大学の農学部の講師でおられた小熊米雄氏が、レポートをまとめられている。

　それによると、平坦区間の恵庭～千歳間は95km／hを出すなど、性能も十分で乗り心地も良好だと述べられている。また、この車輌の生みの親とも呼べる細川北海道支社長が試験結果に満足している点や、バス用のアンダーフロア型機関を2台搭載して、駆動軸を2軸とすることができなかったことを、残念がっておら

キハ40 1。試作車の意味合いもあった改造第1号車である。前面窓が小さいことは、他のキハ40形やキハ45形と比べても異端といえる。

1963.3.11　苗穂　P：富樫俊介

キハ 40 形式

キハ 45 形式

外観は、一般ディーゼル動車と余り変りませんが、客室内は従来の客車と同じで、乗り心地を始め、騒音、振動の少ないのが特色です。

主 な 特 長

キハ 40 形式
（客車オハ 62 形式を改造した新形式車）

1. 今迄の旅客乗降口を密閉して、運転室とし、前でも後でも先頭車として運転できます。（両運転室付）
2. 乗降口を新形式ディーゼル動車のように内側に左右2ヶ所設けてあります。
3. 床下にDMH17H（横形 180馬力/1,500r.p.m）1台取り付け、トルタコンバーター（液体変速機）で変速するようにしてありますから、変速がスムースに行われます。
4. 一般ディーゼル動車と連結して重連運転が出来るように総括制御方式にしてあります。

5. 台車は前台車を一般ディーゼル動車用（DT22A）を使用し、従台車は客車用（TR 23）を改造して使用してあります。
6. 客室と運転室の暖房装置は、エンジンの冷却水（80℃程度）を循環させる温水暖房方式としてありますから心地よい旅行が出来ます。
7. 車体の外部は朱及クリーム色のディーゼル動車色を塗装し、客室内は従来の客車と同じ生地塗りとしてあります。

運 転 台 （キハ 45 形式）

国鉄では、今年10月上野—青森間（750km）を、約10時間で駆走するディーゼル特急「はつかり」が運転を開始して各界から注目されております。ディーゼル動車の特色は、スピード化、経費節減、サービスの向上などで蒸気機関車に比べ、その効果は顕著で、毎年新製車が配置されておりますが、各方面からの需要に応じきれない現状にあります。

北海道支社と国鉄本社で、現有の客車にディーゼルエンジンを装備してディーゼル動車に改造する計画がなされ、苗穂工場の設計及製作による全国始めてのキハ40及45形式の試作車（2車種）が新車の約60%の経費で11月に出来上りました。

床下エンジン （キハ 40 形式）

キハ 45 形式
（客車オハフ62形式を改造した新形式車）

従来の車掌室を運転室に改造し、片運転室にしたほかは、キハ 40 形式と同じです。

以上の他、キハ 40 及 45 形式共、客室は従来の客車と殆んど同じですが、空気ブレーキ装置、電気装置、連結器装置など新形ディーゼル動車に準じた設計にしてあります。

性 能

一般のディーゼル動車と比較した場合、重量で約7ton重いが、スピードは大体同じ程度で、最高時速 95kmまで出せます。その他新形ディーゼル動車と殆んど同じ性能をもっているほか、車体振動騒音が少なく乗り心地は大変良くなっております。

主 要 諸 元

記号形式	キハ 40	キハ 45
定員（座席）名	76	88
車体全長 mm	19,670	19,870
巾 〃	2,900	2,900
高 〃	4,070	4,070
機関形式	DMH 17H	DMH 17H
〃関単出力（粁）	180	180
変速機	DF 115A	DF 115A
逆転機歯車比	2,976	2,976
連結器	密着小型自連	密着小型自連
ブレーキ装置	D A 1 A	D A 1
ボギー台車	DT22A、TR23改	DT22A、TR23改
運転台	両運転台	片運転台
便洗所の有無	有	有
充電発電機容量	24V、2.5 K.V.A	24V、2.5 K.V.A
燃料タンタ容量	400ℓ	400ℓ
制御方式	総括制御	総括制御
暖房装置	温水循環	温水循環
記事欄		

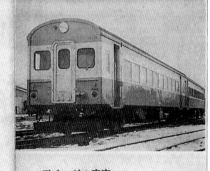

ディーゼル客車

キハ 40・45 形式

日本国有鉄道
苗穂工場

1960

1960（昭和35）年に国鉄苗穂工場で製作した3つ折りのパンフレット。簡単なものながら、キハ40・45形の特徴が的確にまとめられている。

所蔵：岡田誠一

れた様子も伝えられている。さらに、暖房装置はキハ22と同じく温水式（10000kcal）であったが、これでは弱いため30000kcalのものに交換することも記されている。ちなみにキハ40 1の改造費は機械費820万円、工費149万円の合計970万円とされている。また、続くキハ45の場合は機械費776万円、工費103万円の合計880万円と若干安くなることが記されている。

1961（昭和36）年2月1日には、本社の臨時車両設計事務所が主体となった性能試験が実施された。今回もキハ40 1を用いたが、試験は函館本線の札幌～余市間を往復するもので、荷重は約4トン（添乗員も含む）とした。

試験内容は①運転性能（運転時分、最高速度、勾配均衡速度）、②制動試験、③燃料消費量、④振動特性、⑤暖房試験の5項目であった。結果については次に示すとおりである。

キハ45 1。キハ40 1に続いて登場した片運転台である。乗務員室の窓が引き違い式となっていることが特徴である。　1963.3.11　苗穂　P：富樫俊介

①運転性能

　車体重量がキハ22形に比べて6tも増加したことにより加速特性の減少が見られた。最高速度は91km/hであり、20‰の勾配区間では30km/hの均衡速度となった。

②制動試験

　非常ブレーキについてはキハ22形に比べて20〜40mの制動距離減となった。

③燃料消費量

　平坦線区では平均0.5〜0.6ℓ／kmの燃料消費率となった。これはキハ22形と比較すると約20％の増加であった。

④振動特性

　車輌の動揺についてはBクラスであった。

　ビビリ振動についてはタイヤにフラットが発生していたため、若干悪影響もあったが非常によい。

　機関からの振動は動軸側に若干伝わる程度で、総体的には車体剛性が大きいため乗り心地は比較的良い。なお、80km/h以上の高速で走行する場合は、台車側受支持方式にしたほうがよいとされた。

⑤暖房試験

　定置試験では外気温度が−3℃の際、室温は27℃で

あった。運転時の試験では予熱器（10000kcal）を全稼働の状態で室温は26℃であったが、乗務員室は10℃〜20℃とやや低かった。

　以上の結果を総合すると、限られた経費と時間にもかかわらず、予想以上の出来栄えであったと、当時このレポートをまとめられた内村守男技師は報告されている。さらに次のような評価をまとめられている。

「既に函館本線において一般車と併結してフルに稼働していることに感心した。乗務員からは加速特性の減少と乗務員室の暖房能力不足が指摘されたが、機器配置などは実用上それほど問題はなかった。また、客室と出入台の仕切リは引戸であるが、それ以外は全て開戸となっており試験的なものとして今後の参考となるだろう。床下機器配置については、検修側より若干の改造希望があったが、これらについては現地での改善努力を待つことにした。」

　このほかの改良点としては、改造経費を安価にするために、コロ軸受などを用いた新型台車を工場で自製する案や、暖房装置はシャッター制御を完全として、機関の排熱を充分に利用して、乗務員室の暖房を改良することが提案された。しかし、本格的な量産が開始されることはなかった。

キハ45 2の後位側。こちら側から見ると客車の面影が色濃く残っている。前出のキハ45 1の写真と共に雪晴れのため足回りの状態がよく分かる。

1961.1.6　苗穂　P：富樫俊介

キハ45形の車内。車内はニス塗りのままではなく、ペイント塗りとして明るい印象を与えた。

1961.1.6　苗穂　P：富樫俊介

土曜の昼下がり、学生たちを乗せて上砂川駅に到着したキハ45 1。今ではこの線も廃線となり、にぎやかな光景は見られない。

1966.6.18　上砂川　P：佐竹保雄

キハ45 5の前面。北海道仕様というべきか、前照灯脇のタイフォンには
カバーが付き、スノープラウは単線用である。

1963.10.26　釧路　P：佐竹保雄

キクハ45 1の前面。こちらは山形地区で活躍した。タイフォンにはカバ
ーはなくスリットのみ。スノープラウは複線用となっている。

1962.1.4　赤湯　P：佐竹保雄

14輌のプロフィール

　客車改造のディーゼル動車はキハ40形３輌、キハ45
形５輌、キクハ45形３輌、キサハ45形３輌の合計14輌
の仲間で構成された。このうち、キハ40形とキハ45形
は1966（昭和41）年の車両称号基準規定の改正により、
キハ08形、キハ09形にそれぞれ改称している。これは
将来の近郊型ディーゼル動車が登場した際に空形式を
確保しておくためであった。ちなみにキハ09形と言う
形式は、電気式のキハ44000形を改称した際に使用して
いたことがあるので、正確には２代目ということにな
る。なお、1977（昭和52）年に北海道用のキハ40形が
登場した際は、律義にも０番代を飛ばして100番代とし
た点は注目したい。

　では、14輌の客車改造ディーゼル動車のプロフィー
ルを紹介する。このうち、木製客車の形式、記号、番
号については省略した形にまとめているのでご了承願
いたい。

キハ40 1（キハ08 1）

　オハ62 2を種車とした両運転台車で、1960（昭和35）
年12月28日に苗穂工場で改造された。オハ62 2はチホ

ニ911を1951（昭和26）年７月に苗穂工場で鋼体化改造
したものである。ちなみにチホニ911は、木製客車の台
ワクと台車を流用した軍用の長物車であった。

　オハ62形は北海道用の３等客車で、外観上は内地向
けのオハ61形と同じである。北海道用は共通して暖房
装置が強化されたほか、側窓が二重窓となったので、
ヨロイ戸に代わり巻き上げカーテンを使用した。改造
工事については前述したとおりだが、試作要素を含ん
でいるため前面窓が小型となっており、苗穂工場製の
鋼体化客車の特徴である窓下のリブも残っている。こ
れは実見した訳ではないので不明だが、種車の妻板が
そのまま用いられたと思われる。運転台の側窓はタブ
レットの授受用として小型の下降窓が設けられた。台
車は動台車がDT22A、従台車はTR23改をはく。苗穂
機関区に配置されたのち、札幌近郊や歌志内線などで
使用された。この際、キハ22形とペアを組むことを原
則として運転されたので、両運転台車であっても、単
行で運転されることはあまりなかったようだ。キハ08
1への改番は1966（昭和41）年12月20日に行なわれた。

　廃車は、1970（昭和45）年３月28日である。長らく
苗穂駅近くの北海道鉄道学園で教習用として保管され
ていたが、解体されて現存はしない。

キハ08 1。元キハ40 1である。客車改造ディーゼル動車のトップであり、試作的な要素も含んでいる。1970（昭和45）年に廃車となったあとも教習用として残っていたが、後に解体されてしまった。

1967.6　手稲　P：佐竹保雄

キハ08 1の車内。キハ45 1（後のキハ09 1）はペイント塗りであったが、こちらはワニス塗りのままであった。

1967.6　苗穂　P：佐竹保雄

キハ40 1。中間にはさまれた姿だが、前出の写真とは違い、後位側（従台車側）より撮影したものである。窓割りや床下機器配置を注意して見て頂きたい。
1968.10.28 桑園 P：佐竹保雄

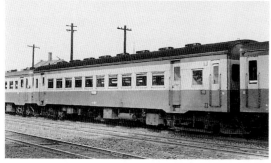

キハ08 1。後位側より2、4位側を撮影したもので、キハ22形とキハ21形にはさまれた姿。屋根の高さなど、バランスの悪さも御愛嬌である。
1967.6 苗穂 P：佐竹保雄

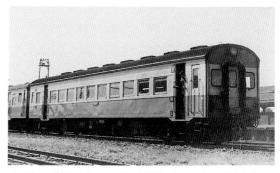

キハ08 1。前位側より1、3位側を撮影したもので、入換中の姿である。改造されてから7年が経過して、車体などに修繕のあとが目立つ。
1967.6 苗穂 P：佐竹保雄

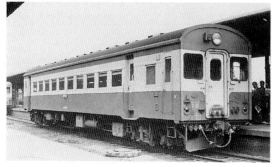

キハ40 2。キハ22形から切り離された姿。前面窓も大きくなり、キハ40よりだいぶイメージが変わった。 1966.6.14 釧路 P：佐竹保雄

キハ08 2のサボ。釧路に配置されたキハ08形は主に釧路と根室間の運用についていた。
1967.6 根室 P：佐竹保雄

キハ08 2。前位側より1、3位側を撮影したもので、キハ40 2より改番された後の姿である。種車はオハ62 1で1962 (昭和37) 年に改造。従台車がTR51A
に変更され、前面窓も大型化された。

1967.6 根室 P：佐竹保雄

キハ40 2（キハ08 2）

　キハ40 1が登場して約1年後に改造された車輌で、いわば量産タイプと呼べるものである。オハ62 1を種車として1962 (昭和37) 年3月20日に苗穂工場で改造された。

　オハ62 1はオハ62形のトップナンバーで、大型木製客車のナハフ24466を、1951 (昭和26) 年7月に鋼体化

改造した車輌。キハ40 1との相違点は従台車がTR23改からTR51Aに変更され、前面窓が大型化された点である。1966 (昭和41) 年12月1日にキハ08 2に改番された。

　改造当初より釧路機関区に配置され、比較的平坦区間が続く釧路〜根室間を中心に使用された。廃車は1971 (昭和46) 年8月12日である。

キハ40 2。前位側より2、4位側を撮影。キハ40の乗務員室の窓はキハ45とは異なり、改造当初から小型の下降窓であった。

1966.6.14 釧路 P：佐竹保雄

キハ40 3。キハ40 2とほぼ同時に登場した両運転台車。後位側より見た姿であるが、銘板が3枚付いていることや、標記の位置などがわかる。

1963.10.2　釧路　P：佐竹保雄

キハ40 3（キハ08 3）

　オハ62 130を種車として1962（昭和37）年3月31日に苗穂工場で改造された。オハ62 130は大型木製客車のナハ22459を、1955（昭和30）年7月に盛岡工場で鋼体化改造した車輌で、オハ62形のラストナンバーであった。

　1966（昭和41）年12月1日にキハ08 3に改番された。キハ40 2と共に釧路機関区に配置され、釧路～根室間を中心に使用された。1971（昭和46）年8月12日に廃車となり、加悦鉄道へ譲渡された。

キハ40 3。前位側より見た姿で、上記の写真と比べるとホロが取り付けられていることや、乗務員室の車掌側には扉があることがわかる。

1963.10.21　釧路　P：佐竹保雄

キハ45 1。オハフ62 5を種車とした片運転台車である。前照灯脇のタイフォンにはシャッターがなく、スリットのみである。前面窓は当初より大型であった。
1967.8 札幌 P：佐竹保雄

キハ45 1（キハ09 1）

オハフ62 5を種車とした片運転台車で、1960（昭和35）年12月28日に苗穂工場で改造された。オハフ62 5は大型木製客車のナハ23283を、1954（昭和29）年2月に長野工場で鋼体化改造した車輛である。キハ40 1とほぼ同時期に改造されたが、前面窓は当初より大型である。

車内はキハ40形ではセミクロスシートとなっていた

が、キハ45形ではほぼそのままであった。車体についても最低限の改造に留められている。運転台の側窓も種車の下降窓を引き違い式に改造しただけとした。台車はDT22AとTR23改をはく。1966（昭和41）年12月20日にキハ09 1に改番された。改造当初よりキハ40 1、キハ45 2と共に苗穂機関区に配置されて札幌近郊と歌志内線で使用された。1971（昭和46）年5月17日に廃車となった。

キハ45 1。乗務員室の窓は、種車のものが下降式であったため、引違い式に改造している。そのほか車体は極力手を加えておらず、車内についてはペイント塗りとなったものの、セミクロス改造は行われていない。
1966.6.18 上砂川 P：佐竹保雄

キハ09 2。キハ45 1（キハ09 1）とほぼ同時に改造された片運転台車で、登場時から1971（昭和46）年まで苗穂に配置されていた。

1967.6.8 札幌　P：佐竹保雄

キハ45 2（キハ09 2）

　オハフ62 6を種車とした片運転台車で1960（昭和35）年12月28日に苗穂工場で改造された。オハフ62 6は大型木製客車のナハ23265を、1954（昭和29）年2月に長野工場で鋼体化改造した車輌である。外観や車内はキ

ハ45 1と同じで台車はDT22AとTR23改をはく。当初から苗穂機関区に配置された。1966（昭和41）年12月1日にキハ09 2に改番された。

　廃車は、キハ09 1と同じく1971（昭和46）年5月17日である。

キハ45 2。後位側より見た姿である。従台車はTR23改であり、便所の流し管（ストレートタイプ）もよくわかる。列車によっては、動力車でもこのように組み込まれることもある。

1962.10.21 岩見沢　P：佐竹保雄

キハ09 2。今はなき地平時代の札幌駅である。客車改造ディーゼル動車は、客車時代より車高が上昇したため、このような低いホームに対応すべくステップを改造した。

1967.6.8　札幌　P：佐竹保雄

キハ22形とキハ21形にはさまれたキハ45 3。釧路にはキハ40形とキハ45形が2輛ずつ配置され、根室本線で使用された。写真奥に見えるキハ21形は寒地向けの両運転台車、バス窓とDT19形台車が特徴であった。

釧路　P：笹本健次

キハ45 4。オハフ62 3を種車とした片運転台車で、1962（昭和37）年に改造された。釧路付近で活躍したが、1970（昭和45）年には早くも廃車となった。

1963.10.26　釧路　P：佐竹保雄

キハ45 3（キハ09 3）

　オハフ62 1を種車とした片運転台車で、1962（昭和37）年3月24日に苗穂工場で改造された。オハフ62 1は中型木製客車のナハフ14641を、1954（昭和29）年2月に長野工場で鋼体化改造した車輌である。

　キハ45 1、2との変更点は従台車がTR23改からTR51Aとなり、運転台の引違い式窓が、小型の下降窓に改造されている。配置は釧路機関区であった。1966（昭和41）年12月1日にキハ09 3に改番され、1971（昭和46）年3月20日に廃車となっている。

キハ45 4（キハ09 4）

　オハフ62 3を種車とした片運転台車で1962（昭和37）年3月31日に苗穂工場で改造された。オハフ62 3は中型木製客車のナハフ14627を、1954（昭和29）年2月に長野工場で鋼体化改造したもの。外観などはキハ45 3とほぼ同じで、釧路機関区の配置。1966（昭和41）年12月1日にキハ09 4に改番されたが、客車改造の動力車としては一番早く引退して、1970（昭和45）年2月19日に廃車となった。

キハ45 4の後位側。サイド気味に見ると床下の機器配置がさらによくわかる。従台車もTR51Aとなり、便所の流し管も通風式タイプに改造されている。

1963.10.26　釧路　P：佐竹保雄

キハ45 4の車内。腰掛の背ずりがベニヤ板張りで、ワニス塗りのままであるなど、客車時代とほとんど変わらない。

1963.10.26　釧路　P：佐竹保雄

客用扉とステップ。客用扉は鋼体化客車時代のプレスドアをそのまま使用している。ステップについては車高が上昇した分、段差を下げることでカバーしている。

1963.10.26　釧路　P：佐竹保雄

キハ45 4の前面。ホロとジャンパーコードが取付けられた姿は、何となく凛々しく見える。乗務員扉などはキハ22形と共通品としている。

1963.10.26　釧路　P：佐竹保雄

キハ45 5。キハ45形のラストナンバーであるが、公式にはキハ45 4のほうが後に落成している。外観上は両車ともほとんど変化はない。
1963.10.26 釧路 P：佐竹保雄

キハ45 5（キハ09 5）

　オハフ62 2を種車とした片運転台車で、1962（昭和37）年3月29日に苗穂工場で改造された。オハフ62 2は中型木製客車のナハフ12629を、1954（昭和29）年2月に長野工場で鋼体化改造したもの。外観などはキハ45 3、4と同じで釧路機関区に配置である。

　ちなみにキハ45形の種車は、長野工場で改造されたオハフ62形の若番ばかりである。これが偶然なのかそれとも意図的なのか、今となってはその真相はわからない。

　1966（昭和41）年12月1日にキハ09 5に改番され、1971（昭和46）年3月20日に廃車となった。

キハ45 5。キハ45 1・2と違って、釧路に配置されたキハ45 3以降は、乗務員室の窓を小型の下降窓としている。なお、窓下のフサギ板は、この窓の点検用である。
1963.10.26 釧路 P：佐竹保雄

キクハ45 1。オハフ61 194を改造したディーゼル制御車である。つまり機関は搭載していない。台車もTR11のままだったりと、客車時代の装備を数多く残している。

1962.1.4　赤湯　P：佐竹保雄

キクハ45 1

　オハフ61 194を種車としたディーゼル制御車である。改造は1961（昭和36）年5月20日に九州の小倉工場で施工している。オハフ61 194は大型木製客車のナロハ21685を、1951（昭和26）年7月に土崎工場で鋼体化した車輌である。車体の改造方法は、1962（昭和37）年度改造のキハ45形の場合とほぼ同じで、運転台側に小型の下降窓が新設されている。室内は時代と全く変わらず、台車もTR11をそのままはいている。床下にはウ

ェバスト暖房装置が取付けられている。前面窓は大型タイプであるが、貫通扉は室内色の淡緑色に塗られていることがワンポイントになっている。なお、写真では時折り窓枠の色が違うものを見掛けるが、これは客車用のものを応急的に使用したことによる。

　キクハ45 1は完成後に山形機関区に配置され、主に長井線の通勤通学列車に使用された。しかし、使いづらかったことから、1966（昭和41）年8月17日に廃車となっている。

キクハ45 1のウェバストヒーター。キハ40・45形には温水暖房装置を取付けたが、このキクハ45 1には在来型ディーゼル動車と同じく、軽油燃焼のヒーターを取付けた。　P：鈴木靖人

キクハ45 1。乗務員室の窓は下降窓となっているが、そのほかは原形といってよい。客用扉下のステップも改造していない。

1962.1.4　赤湯　P：佐竹保雄

キクハ45 1の後位側。こちら側から見るとさらに客車時代の面影が色濃く残っている。ただし、ホロや連結器、電気連結栓は気動車用のものに交換されている。

1962.1.4　赤湯　P：佐竹保雄

キクハ45 1の車内。オハフ61形時代と全く変化がないと言ってよい。ただし写真では見えないが、暖房装置はウェバスト式に改造していて、原形の蒸気暖房装置はない。

1962.1.4　赤湯　P：佐竹保雄

キクハ45 1の客用扉。客車時代のプレスドアをそのまま用いている。「この開戸は自動でありません」の文字がユニーク。
P：鈴木靖人

キクハ45 1の手ブレーキハンドル。助士席側の手ブレーキ装置はおそらく客車時代のものを流用したと思われる。
P：鈴木靖人

キクハ45 2。四国にも2輌のキクハ45形が在籍していた。キクハ45 2はオハフ61 492を種車として1962（昭和37）年に地元の多度津工場で改造された。
1963.12.19　高松　P：佐竹保雄

キクハ45 2の後位側。外吊り式扉に改造されてからの姿である。客室と出入台の間の仕切り扉は撤去されたようだが、妻面に引戸を設けることはしなかった。つまり、連結しない状態の際は開き放しの状態となる。
1963.12.19　高松　P：佐竹保雄

キクハ45 2

　オハフ61 492を種車としたディーゼル制御車である。改造は1962（昭和37）年5月2日に四国の多度津工場で施工されている。オハフ62 492は大型木製客車のオニ26674を、1953（昭和28）年1月に小倉工場で鋼体化改造した車輌である。改造方法はキクハ45 1の場合とほぼ同じであるが、前面窓はキハ40 1のように小型のタイプとして、乗務員扉を両側に設けている。客用扉は種車のプレスドアを用いたが、1963（昭和38）年頃に外吊扉化と便所と洗面所の撤去、出入台付近のロングシート化工事を施工している。これはラッシュ時に対応したものである。徳島気動車区に配置されて高徳本線のラッシュ運用に充当されたが、使いづらいため次第にもて余し気味となり、1966（昭和41）年6月11日に廃車となった。

キクハ45 3

　オハフ61 493を種車としたディーゼル制御車である。改造は1962（昭和37）年4月30日に多度津工場で施工された。オハフ61 493は大型木製客車のナロハ21724を、1953（昭和28）年2月に小倉工場で鋼体化改造した車輌である。改造方法やその後の改造はキクハ45 3の場合とほぼ同じである。徳島気動車区に配置されたが、1966（昭和41）年6月11日に廃車となった。

キクハ45 2の客用扉。1962（昭和37）年から翌年にかけてドアを外吊式の引戸（手動式）に改造している。合わせて出入台付近をロングシート化してセミクロスシート化（通勤型化）している。
1963.12.19　高松　P：佐竹保雄

キクハ45 2。四国のキクハ45 2、3は前面窓が小型となっている。床下にウェバスト式の暖房装置を取付けたことは、山形のキクハ45 1と同様である。前照灯脇のタイフォンにはシャッターはなく、スリット式である。
1963.12.19　高松　P：佐竹保雄

キクハ45 3。外吊り式扉となる前の写真で、この姿は約1年しか存在しなかったので貴重である。在来型のデッキ構造では乗降に手間取ったようで、急拠改造したものと思われる。
1962.6.12 高松 P：佐竹保雄

キクハ45 3の車内。これは外吊り式扉となってからの姿で、車内奥の部分にはつり手とスタンションポールを取付けられた。しかし、車内はワニス塗りで腰掛の背ずりもベニヤ板張りである。
1963.12.19 高松 P：佐竹保雄

キクハ45 3。こちらも外吊り式扉となる前の姿であるが、この客用扉も原形のプレス式ではなく、窓がたて方向に拡大したHゴム支持タイプである。
1962.6.12　高松　P：佐竹保雄

キクハ45 3。外吊り式扉となってからの姿である。上の写真を撮影してから1年半が経過しているが、ばい煙やブレーキシューの汚れで結構くすんでいる。
1963.12.19　高松　P：佐竹保雄

キサハ45 2。妻面を見せた姿である。オハ62形を塗り変えただけに見えるキサハ45形だが、ホロや連結器を交換して、尾灯とジャンパー連結器を取付けている。
1963.9.12　苗穂　P：豊永泰太郎

キサハ45 1

　オハ62 59を種車としたディーゼル付随車である。改造は1963（昭和38）年3月13日に五稜郭工場で施工している。オハ62 59は中型木製客車のナハフ14634を、1952（昭和27）年9月に苗穂工場で鋼体化改造した車輌である。外観と車内はほとんど客車のままといえるが、床下のウェバスト暖房装置の取付けと引通し線回路の新設、幌と連結器が交換されている。台車は種車のTR11をそのまま使用している。キサハ45 1は室蘭機関区に配置され室蘭本線の豊浦～幌別間のラッシュ運用に充当された。しかし、運用上に制約が多いことから、1966（昭和41）年12月15日に廃車となった。

キサハ45 2

　オハ62 79を種車としたもので、1963（昭和38）年3月27日に五稜郭工場で改造された。オハ62 79は中型木

キサハ45 3。北海道のみに存在したキサハ45形は、このようにキハ21・22形にはさまれる形で運用された。車体はあまり手が加えられていないことがわかる。
1966.6.11　苗穂　P：佐竹保雄

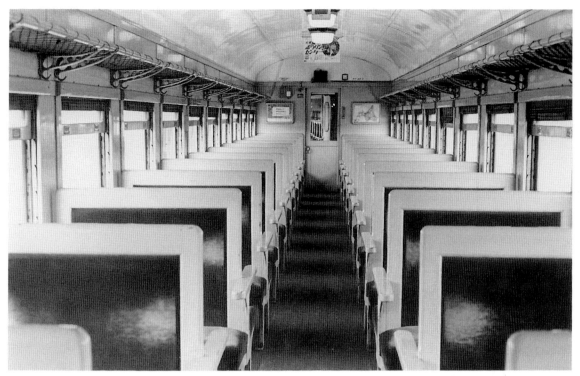

キサハ45 3の車内。ワニス塗りからペイント塗りに変更されたほか、腰掛の背ずりにはモケットが張られている。しかし、出入台付近のロングシート化改造などは行われていない。

1966.6.11　苗穂　P：佐竹保雄

製客車のナハ12641を1953（昭和28）年に旭川工場で鋼体化改造した車輌である。改造方法はキサハ45 1の場合と同じだが、こちらは苗穂機関区の配置となった。

函館本線（余市～岩見沢）と幌内線でキハ56形などにはさまれる形で使用された。しかし、こちらも運用上の制約により1966（昭和41）年12月15日に廃車となった。

キサハ45 3

オハ62 80を種車としたもので、1963（昭和38）年3月30日に五稜郭工場で改造された。オハ62 80は大型木製客車のナハ23280を1953（昭和28）年11月に旭川工場で鋼体化改造した車輌である。苗穂機関区に配置されキサハ45 2と共に使用されたが、1966（昭和41）年12月15日に廃車となった。

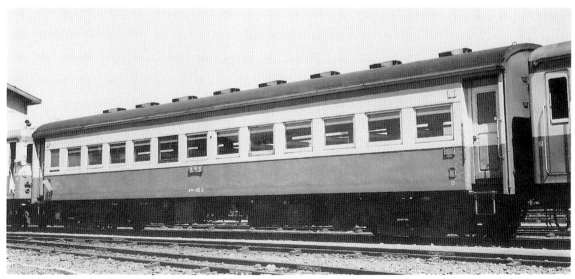

キサハ45 3。気動車の中に客車がはさまるにはアンバランスなスタイルだが、意外と違和感が湧かないのは塗色の影響だろうか。しかし、このキサハ45も半年後には全て廃車となり、形式消滅してしまった。

1966.6.11　苗穂　P：佐竹保雄

2 等 気 動 制 御 車　　形式 キクハ 45
番号　キクハ　451〜453
オハフ61改造

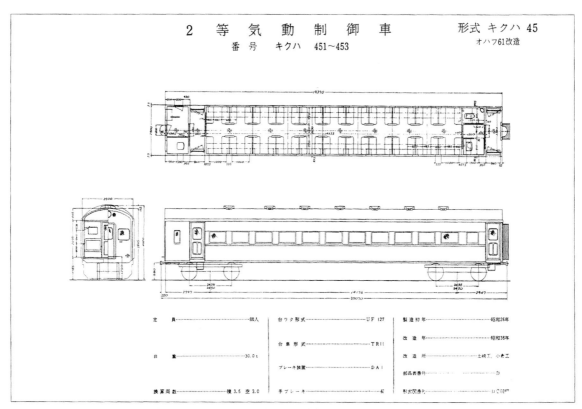

定　　員	……88人	台ワク形式	……UF 127	製造初年	……昭和26年
		台 車 形 式	……TR11	改 造 年	……昭和38年
自　　重	……30.0 t	ブレーキ装置	……DA1	改 造 所	……土崎工、小倉工
				部品表番号	……D
換算両数	……積 3.5 空 3.0	手ブレーキ	……6	形式図番号	DC035

キクハ45形式図。45 1〜3の図だが、実際には2、3では乗務員扉が運転士側にも設置されている。

2 等 気 動 付 随 車　　形式 キサハ 45
番号　キサハ　451〜453
オハ62改造

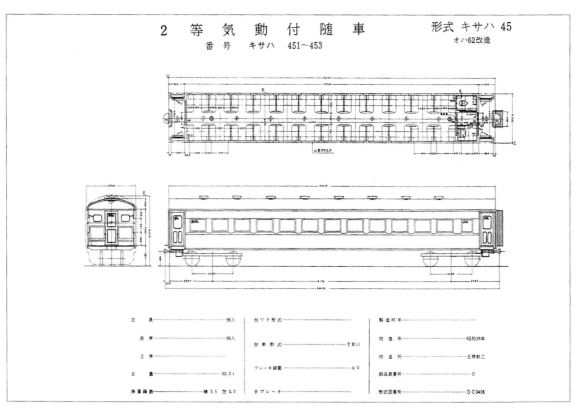

定　　員	……96人	台ワク形式		製造初年	
座　　席	……96人			改 造 年	……昭和38年
立　　席		台 車 形 式	……TR11	改 造 所	……五稜郭工
自　　重	……30.0 t	ブレーキ装置	……AV	部品表番号	……D
換算両数	……積 3.5 空 3.0	手ブレーキ		形式図番号	DC0406

キサハ45形式図。66頁のオハ62と比べると車体には変化がないことが分かる。

■客車改造ディーゼル動車車歴表

作成：千代村資夫

	種車	改造落成		改番			廃車
キハ40 1	オハ62 2	1960.12.28	苗穂	キハ08 1	1966.12.20	苗穂	1970.3.28
キハ40 2	オハ62 1	1962.3.20	苗穂	キハ08 2	1966.12.1	釧路	1971.8.12
キハ40 3	オハ62 130	1962.3.31	苗穂	キハ08 3	1966.12.1	釧路	1971.8.12
キハ45 1	オハフ62 5	1960.12.28	苗穂	キハ09 1	1966.12.20	苗穂	1971.5.17
キハ45 2	オハフ62 6	1960.12.28	苗穂	キハ09 2	1966.12.1	苗穂	1971.5.17
キハ45 3	オハフ62 1	1962.3.24	苗穂	キハ09 3	1966.12.1	釧路	1971.3.20
キハ45 4	オハフ62 3	1962.3.31	苗穂	キハ09 4	1966.12.1	釧路	1970.2.19
キハ45 5	オハフ62 2	1962.3.29	苗穂	キハ09 5	1966.12.1	釧路	1971.3.20
キクハ45 1	オハフ61 194	1961.5.20	小倉				1966.8.17
キクハ45 2	オハフ61 492	1962.5.2	多度津				1966.6.11
キクハ45 3	オハフ61 493	1962.4.30	多度津				1966.6.11
キサハ45 1	オハ62 59	1963.3.13	五稜郭				1966.12.15
キサハ45 2	オハ62 79	1963.3.27	五稜郭				1966.12.15
キサハ45 3	オハ62 80	1963.3.30	五稜郭				1966.12.15

■客車改造ディーゼル動車　主要諸元

車種		2等ディーゼル動車	2等ディーゼル動車	2等ディーゼル制御車	2等ディーゼル付随車
形式		キハ40	キハ45	キクハ45	キサハ45
定員	座席数	76	88	88	96
	立席数	—	—	—	—
自重（t）		38.9	38.4	30.0	30.0
換算輌数	積	4.5	4.5	3.5	3.5
	空	4.0	4.0	3.0	3.0
主要寸法	最大長（mm）	19870	19870	20070	20070
	最大幅（mm）	2928	2928	2900	2900
	最大高（mm）（屋根上まで）	4085	4085	4020	4020
	（通風器上まで）	3980	3980	3865	3865
	車体外部の長（mm）	19375	19375	19370	19370
	車体外部の幅（mm）	2805	2805	2805	2805
	台車中心距離（mm）	14176	14176	14176	14176
車体関係	床面高さ（mm）	1250	1250	1185	1185
	運転室の有無	両	片	片	なし
	便所の有無	有	有	有	有
	出入口数（片面）	2	2	2	2
台車	形式	DT22A　TR23	DT22A　TR23	TR11×2	TR11×2
	軸距（mm）	2100　2450	2100　2450	2438　2450	2438　2450
連結器オヨビ緩衝装置		密着小型自連	密着小型自連	密着小型自連	密着小型自連
ブレーキ	種別	DA1A	DA1A	DA1	AV
	空気圧縮機	C600	C600	—	—
	ブレーキシリンダ	254×250SO×2	254×250SO×2	305×300V	305×300V
	ブレーキ率（%）	85	85	—	—
機関	形式	DMH17H	DMH17H		
	標準出力／同回転数（PS/r.p.m）	180/1500	180/1500		
動力伝達方式		液体式	液体式	—	—
充電発電機方式容量		交流24V/2.5kVA	交流24V/2.5kVA	直流30V/1.5kW	—
照明方式		白熱灯40W×8	白熱灯40W×8	白熱灯40W×7	白熱灯LP118
蓄電池	種別	TRE16	TRE16	TRE16	
	容量（5時間率）	24V/320AH	24V/320AH	24V/320AH	—
付属装置	冷却水容量（ℓ）	483	483		
	潤滑油容量（ℓ）	49	49		
	変速機油容量（ℓ）	TC2Aの場合48	TC2Aの場合48		
		DF115Aの場合54	DF115Aの場合54		
	送風機容量（ℓ/r.p.m/min）	280/1470	280/1470		
	燃料タンク容量（ℓ）	400	400		
最高速度（km/h）		95	95		
改造初年		昭和35	昭和35	昭和36	昭和38
改造工場		苗穂	苗穂	小倉、多度津	五稜郭
輌数		3	5	3	3
種車形式		オハ62	オハフ62	オハフ61	オハ62

キクハ45 2・3の並び。朝のラッシュ運用の後だろうか、2輌が仲良く休んでいる。しかし、180PSの出力しか持たない非力なキハ20形にとって、30トンもあるキクハ45形をけん引するのは酷だったようだ。

1966年　徳島　P：武辻素典

短命に終った生涯

　国鉄の新製ディーゼル動車の製造は、1961（昭和36）年10月のサンロクトウのダイヤ改正以降も積極的に進められ、1968（昭和43）年2月の時点で5000輛を突破した。これは世界的にみても飛びぬけた数字で、日本は有数のディーゼル大国となった。このあたりを頂点としてディーゼル動車の製造は鈍化してゆき安定期に入っていた。つまり、所定の輛数は満たされたのである。この頃より異端車や老朽車の廃車も本格的にはじまり、レールバスやキハ04からキハ07形、そして客車改造ディーゼル動車が淘汰の対象となった。

　1960（昭和35）年に登場してから、わずか10年で消えてゆくことは無駄な投資とも見られるが、当時の車輛不足といった背景や、それを解決するために努力した功績は忘れたくはないものである。ほとんどの車輛は解体されたが、機関や変速機、台車などは、キハ56形などの予備品として活用されたようなので、その意味で魂は生き残ったと言える。なお、キハ08 3は加悦鉄道に売却され第二の人生を歩むことになった。キハ08 1は前述のとおり北海道鉄道学園に教習用として保管されていたが、こちらは後に解体された。

加悦鉄道に譲渡されたキハ08 3

　加悦鉄道は宮津線（現、北近畿タンゴ鉄道）の丹後山田（現、野田川）から加悦までの5.7kmを結ぶローカル私鉄であった。1970年代に入っても、戦前製の買収気動車などが活躍していたが、それらも老朽化して代替車を探していた。キハ04形やキハ07形などの購入時期を逸したあとは国鉄からの廃車はなくなり、供給源を失った形となった。ちょうどその頃、北海道で廃車になったキハ08が目に止まり譲渡されることになった。営業に際しては便所と洗面所を撤去して郵便荷物室とする工事を加悦機関区で施工した。つまりキハユニ化したのであった。しかし、記号番号は国鉄時代のキハ08 3をそのまま使用することにした。ローカル私鉄に突然飛び込んだキハ08形は、"黒船"という表現はオーバーながらも、かなり大型に見えたに違いない。しかも、新製して8年しか経過していないDMH17Hなどは、最新メカに映ったのではないだろうか。車体が重く、燃費が悪いなどのハンデがあったにもかかわらず、虎の子として大切に扱われ、1980（昭和55）年にキハ10 18が入線後もエースとして相互に使用された。

　同鉄道は1985（昭和60）年4月30日に廃止となったが、キハ08 3はそのまま旧加悦駅構内の加悦SL広場に

保存展示された。その後、旧大江山駅跡に移転して、現在ではボランティアによる熱心な整備が続けられており、車内も鋼体化当時のワニス塗りが復活した。

■昭和38年4月20日現在運用表（四国を除く）

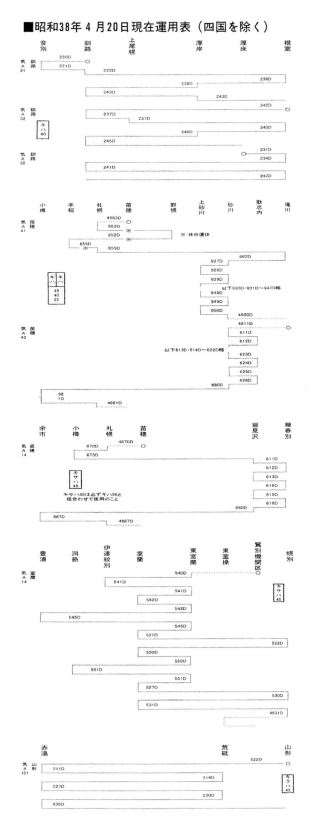

加悦鉄道キハ08 3。14輛の一族の中で唯一私鉄に譲渡されたこの車輛は、1985 (昭和60) 年の同鉄道廃止まで活躍し、現在も大切に保存されている。客車改造ディーゼル動車を今に伝える唯一無二の存在である。

1980.9.8　加悦　P：名取紀之

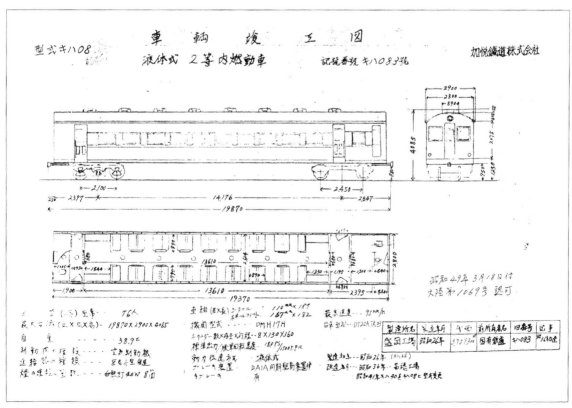

加悦鉄道キハ08 3竣功図

所蔵：カヤ興産

むすびに

　国鉄における客車改造のディーゼル動車は約10年で消えていった。活躍した地域も札幌、室蘭、釧路、山形、徳島といった限られたもので、気動車ファンであっても実見した方は少ない。むしろ、加悦鉄道での14年にわたる姿のほうが記憶に残っていると思う。

　余剰となった客車をディーゼル動車に改造する方法は、資産の有効活用策であり、それなりに評価されるものである。しかし、元来軽量化に重点を置き、機関の搭載部分を強化したり、防火対策を施してきたディーゼル動車の車体と、機関車からのけん引力を吸収するため、台ワクを強化してやや重くなっている客車の車体とでは似て非なる部分も多い。

　車体の重さはそのまま出力低下にもつながり、結局のところ国鉄時代には14輛で打ち止めとなってしまった。もうこのような車種は出現しないと思っていたところ、国鉄の分割民営化後、JR西日本とJR北海道で再び登場することになった。JR西日本ではオハ50形を改造したキハ33形が1988（昭和63）年に2輛、1992（平成4）年にはオハ12形とスハフ12形を改造したキサハ34形が4輛登場した。JR北海道ではオハフ51形を改造したキハ141形、キハ142形、キハ143形、キサハ144形が1990（平成2）年から1995（平成7）年にかけて44輛が登場している。

　時代はめぐると言われるが、キハ08形などが消えて約20年も経ってから、再び客車改造ディーゼル動車が現れたのも数奇な運命だと感じる。

　執筆にあたり、当時の設計資料を星　晃氏から提供して頂いたほか、千代村資夫氏がまとめられた鉄道友の会会報『RAILFAN』誌の「車輌研究　オハ61系客車改造気動車」を参考とした。

　また、多くの同好者の方々に貴重な写真の提供など様々な点でお世話になった。末筆ながら厚くお礼を申し上げる。

岡田誠一

列車の交換待ちをする223D。初夏の道東は行楽日和なのだろうか。ホームも車内も、のんびりしたローカルムードが漂っていた。
1967.6　厚岸　P：佐竹保雄